HERCØLUBUS

Y EL FINAL DE LOS TIEMPOS

Una antesala de La Gran Transformación
Planetaria a la luz del Contacto con
Civilizaciones Extraterrestres

ENRIQUE VILLANUEVA

Titulo Original: *Hercólubus y El Final de los Tiempos*
Editor Original: Enrique Villanueva
E-mail: Shaoshant@hotmail.com
Arte de la portada: Alfredo Dávalos
Primera Edición • Octubre 2003
Segunda Edición • Octubre 2007

Library of Congress Control Number: 2003113342
ISBN: 978-0-6151-7243-9

Impreso en USA – Printed in the USA

AGRADECIMIENTOS

Quiero extender mi reconocimiento a todos aquellos que de una u otra manera hicieron posible la realización de este libro:

En primer lugar a mis padres y hermanos, familia querida que se constituyo en mi primera escuela de este plano y en donde entre múltiples vivencias se sembraran las semillas de esta búsqueda de las verdades trascendentales.

A mis queridos María, Jonahs y Siddhartha, sin cuyo incondicional apoyo, amor y paciencia este texto no hubiese sido posible.

A Boris Villanueva y Ricardo González que trabajaron exhaustivamente en la revisión y acertada crítica del texto original; a Cristian Cisneros por su efectiva colaboración en el área técnica, y a Alfredo Dávalos por las sugerencias y asesoría en la parte artística.

No puedo dejar de lado a los infatigables compañeros de aventuras, hermanos, maestros y guerreros de la luz del Grupo Rahma que en todo momento inspiraron y respaldaron este trabajo.

Mi agradecimiento también a los seres de luz de este y otros mundos que apoyaron generando la infinidad de "casualidades", "accidentes" o "sincronías" necesarias para llevar la obra a su ejecución.

Y por supuesto, al Profundo Amor de la Conciencia Cósmica por regalarme el enorme bien de poder acercarme a mis hermanos del planeta en este compendio de ideas y formas-pensamiento en los que se plasma la realización parcial de mi misión.

Arjuna: ¿Y el hombre que buscando la Verdad no la consigue? ¿Qué sucede con aquel que pese a sus esfuerzos no hace sino permanecer en el mar abrazado a su barca rota? ¿Será eterno su naufragio? ¿Irá a la nada? ¿Se olvidarán de él los Dioses?

Krishna: Para quien tú dices, no hay destrucción ni en esta vida ni más allá de ella. Ninguno que anhele la Verdad, por equivocado que sea el camino elegido para su búsqueda, ha de ser abandonado.

BHAGAVAD-GITA
Canto del Bienaventurado Señor Krishna

ÍNDICE

PREFACIO

Tres días de oscuridad han sido la antesala de un devastador terremoto que ha sacudido todos los rincones del planeta, la luna llena se aprecia roja como la sangre y una enorme estrella de frío e intenso fulgor se destaca en el firmamento como el mensajero de un nefasto designio aun por venir. Creando todavía mayor confusión miles de personas se han lanzado a las calles en busca de sus familiares desaparecidos; niños y ancianos, esposas, hermanos, padres y amigos, se esfumaron frente a ellos en un abrir y cerrar de ojos, mientras gigantescos y luminosos discos se desplazan ingrávidos sobre las ciudades...

Todos estamos familiarizados con esta historia, la hemos oído y temido, expuesta como una espada de filosa hoja por grupos esotéricos, iglesias mesiánicas, videntes de la virgen, estudiosos de las profecías mayas o egipcias, y aun contactados con extraterrestres.

Clarividentes y astrónomos anuncian la llegada de un cuerpo masivo, más grande que cualquier asteroide que hallamos podido detectar con nuestros telescopios. Aseguran muchos de ellos que el tamaño colosal de ese cuerpo celeste generaría un campo gravitatorio tan intenso que sería capaz de afectar la pacífica trayectoria de nuestro mundo, sacándonos de la órbita elíptica actual y re-ubicando el eje terrestre, de modo que los polos terminarían siendo el ecuador del planeta.

Algunos de estos profetas modernos han asegurado que no sería tan solo un asteroide como el *Ajenjo* descrito en el *Libro de Revelaciones*: Una enorme roca de fuego cayendo en el mar y provocando muerte y devastación; sino que se trataría de un colosal planeta al que han bautizado con el nombre de *Hercólubus* y cuya gigantesca órbita se aproximaría a la de nuestro mundo en periodos cíclicos, siendo que la destrucción que estaría por ocasionar en los próximos años la habría ya sembrado con anterioridad acabando con civilizaciones previas como Atlántida, Lemuria, y otras.

Aseguran estos videntes que la información que transmiten es válida y que no solo ha sido ya verificada por la ciencia moderna sino que aún civilizaciones extraterrestres supertecnológicas estarían al tanto de lo que va a acontecer aquí.

¿Es posible entonces que el destino de nuestro planeta esté ya marcado? ¿Cuánto de cierto hay en la aseveración de que la ciencia conoce la proximidad de esta catástrofe? Y de ser esta amenaza real, ¿Puede ocurrir acaso que las civilizaciones extraterrestres observándonos se crucen de brazos como meros espectadores del holocausto?

Por largos años he participado de la experiencia de contacto extraterrestre de la Misión Rahma, que en más de siete oportunidades ha extendido la invitación a la prensa y cadenas de radio y televisión mundiales para que verifiquen de primera mano la realidad de este encuentro entre el hombre de la Tierra y civilizaciones alienígenas; consiguiéndose en estos eventos en los que participaron cientos de personas, impresionante evidencia fotográfica y videográfica de la presencia OVNI (Objeto Volador No Identificado) en nuestro mundo.

Pero, más allá de las pruebas del contacto y la aparición de estas naves tripuladas por seres de las estrellas, se encuentra uno de los mensajes más conmovedores y claros que el ser humano haya recibido jamás. La visita de estos hermanos del espacio no es gratuita sino que obedece a un plan de

2

ayuda elaborado para que el hombre de la Tierra, asumiendo el rol que le corresponde en el Universo, encuentre el camino de su realización como individuo y sociedad.

¿Qué opinan estos seres de nuestros profetas y profecías? ¿Acaso vienen ellos a revelarnos el verdadero significado de la frase: *El Final de los Tiempos*? Constantemente se ha reportado la presencia de OVNIS en las inmediaciones de volcanes activos, zonas sísmicas y lugares de desastre, ¿Podrían estos seres del espacio estar haciendo algún trabajo con la finalidad de ayudarnos a superar momentos de crisis? Y de ser así, ¿Qué tanto pueden interferir en los asuntos humanos?

Tratando de dar respuesta a todas estas interrogantes es que me di a la tarea de escribir el presente libro que espero sobretodo contribuya a aclarar el grado de responsabilidad que corresponde al ser humano respecto de su destino colectivo, y al mismo tiempo revelar como estamos en todo momento siendo asistidos de manera amorosa y comprometida por aquellos que viniendo de lo profundo del Cosmos prefieren ser conocidos como nuestros *Hermanos Mayores*, civilizaciones extraterrestres que trabajan a diferentes niveles por el despertar de conciencia de esta humanidad.

Que la esperanza que estos seres de las estrellas han depositado en nosotros con su sabio consejo y valiosa información, llegue a cada uno de ustedes, y que el Profundo Amor de la Conciencia Cósmica nos haga Uno en mente y propósito de bien para nuestro planeta y todas las criaturas vivientes que lo pueblan.

Ahimsa[1] !

Enrique Villanueva
Los Angeles, California

---

[1] Aihmsa: Palabra sánscrita que significa respetar y proteger a toda criatura viviente.

INTERROGANDO AL CREADOR

CAPÍTULO I

EL LIBRO DE LA VIDA
Y EL FIN DEL MUNDO

"Habrá un aviso del cielo: El astro Eros iluminara la Tierra y parecerá que el mundo está en llamas..., nadie escapará de ese castigo que consistirá en que los astros chocarán contra la Tierra..., y destruirán a las dos terceras partes de la humanidad"

Vidente Amparo Cuevas durante las Apariciones Marianas en El Escorial

"Y en cuanto a ti, oh Daniel, haz secretas las palabras y sella el libro hasta el tiempo del fin. Muchos discurrirán, y el verdadero conocimiento se hará abundante"
"La Biblia" (Daniel Cap.12, Ver. 4)

La primera frase elaborada por mi mente, o por lo menos de la que tengo memoria, se remonta a mis 4 años de edad: *"No debo olvidar"*, era la simple y radical sentencia con la que una y otra vez despertaba de la pesadilla repetitiva que enturbiaba los pacíficos años de mi más tierna infancia.

Súbitamente en medio del sueño tomaba conciencia de hallarme corriendo al lado de mis padres mientras la ciudad parecía venirse abajo. El cielo nocturno se veía iluminado por una estrella rojiza, los edificios y casas se derrumbaban sacudidos por el sismo que fracturaba la corteza provocando el afloramiento de aguas subterráneas que llenaban las gigantescas grietas convirtiendo la superficie terrestre en un montón de islotes. Con terror me percataba de que mis padres se alejaban flotando en uno de estos fragmentos y sin poder contenerme saltaba a las agitadas aguas, despertándome de inmediato, asustado y luchando con las sabanas de la cama.

Rogaba a Dios me ayudara a no volver a soñar tan vívidas escenas de destrucción, y sin embargo cada noche y por más de tres años repetí una y otra vez la agonía sin poder siquiera comentarlo a mis padres en el irracional y seguro temor de que de mencionar el sueño, éste se haría realidad destruyendo mi mundo. Un niño de esa edad no posee más recursos que los de su sentir, por lo que tuvieron que pasar años para que me animase a narrar la pesadilla a alguien. En el tiempo ésta se repetiría cada vez más espaciada, hasta que una noche a la edad de 7 años la viví por última vez y de manera tan real que me obligó a cuestionar la débil frontera que separa el mundo físico del de los sueños; ¿Estaba acaso observando un evento que estaría por ocurrir en el futuro próximo?

Corría entonces el año 1977 y mi pensamiento era ya lo suficientemente complejo como para ensayar mis primeras preguntas metafísicas. Mi madre había mencionado en una trivial conversación la existencia de un libro en el que Dios habría escrito el destino humano desde el inicio del mundo hasta su final, un volumen exhaustivo en el que estarían detallados con minuciosidad cada acto, pensamiento u omisión a la acción, de modo que ningún hombre podía escapar a su destino; había un día específico para nacer y otro para morir, unos llegarían al mundo para ser ingenieros y otros doctores, unos concretarían sus metas y otros no. Comprendí entonces que si esto era realmente así, el hombre estaba exonerado de responsabilidad, pues aún el pecado bajo cualquiera de sus formas era parte del circo en el que desempeñábamos un papel pre-establecido.

Con la inocencia propia de mi corta edad no fui capaz de cuestionar la fuente de semejante afirmación, pero el dardo de un oscuro misterio se clavó en el blanco de mi fértil mente, obligándome a dejar los juegos infantiles para dedicar cada vez más tiempo a la introspección y la búsqueda de algo que en ese momento solo podía identificar como *Libertad*.

Ciertamente no conseguía entender el por qué un Dios misericordioso creaba marionetas para satisfacer su propia ilusión.

Recuerdo con claridad aquella tarde en que mirando al cielo reproché a Dios semejante injusticia: ¿Cómo podía haber mutilado la espontaneidad de su creación sin darnos más opción que la de seguir la línea de su inquebrantable voluntad? ¿Acaso nos había condenado por anticipado? En lo personal esa era la única conclusión posible, pues de ser cierto que él había planeado todo en su minucioso libro, esto quería decir que había también depositado en mi la capacidad de cuestionarlo; era él entonces quien había sembrado esta semilla de insatisfacción en mi interior; y llegando a este punto no me quedaba más alternativa que acusarlo hasta de mi rebeldía y de cada una de las preguntas que parecían quemarme en el alma. Más él permanecía en silencio.

Fácil hubiese sido para el Todo Poderoso crearme un poco más dócil, incapaz de pensar o preguntarme cosas, como muchos individuos que conocía que jamás se cuestionaban por nada; pero no, él quería una persona en el limbo de la comprensión, me había creado aparentemente para no dejar pasar por alto su propia falta de tino e insensatez; o es lo que creí originalmente. Si esto era lo que él quería, no solo le iba a dar gusto siendo un rebelde, sino que trataría de ir más allá, esforzándome por destruir aún la integridad de su valioso libro, pues asumí que el único objetivo real de mi existencia debería ser el de escapar a ese destino-prisión que nos había preparado. Imaginé que si cada uno de mis actos y no-actos habían sido descritos al detalle, como aseguraba mi madre, cualquier pequeña alteración al curso de eventos provocaría la sorpresa de Dios y por consecuencia lógica mi libertad.

Recuerdo haber estado de pie al borde de la acera imaginando que Dios habría escrito que yo permanecería allí mismo, pensando por otros 5 minutos, sin embargo en ese instante yo bajaba de la acera a la pista, viendo en mi mente al Creador borrando algunas de sus frases, re-escribiendo, manchando las páginas; y me reía a carcajadas de su absurda preocupación y de mis actos aparentemente sin sentido. Pero allí no quedaba todo, pues me percaté de que siendo Dios un ser todo poderoso bien podría haberse adelantado leyendo mi mente, por lo que traté también de moverme en dirección inversa a la de mi pensamiento, deteniéndome a intervalos y volviendo a saltos a la absurda y agotadora actividad, que lejos de liberarme parecía traer nuevos argumentos en oposición a mi lógica. Él había estado antes de la creación del tiempo por lo que sería muy difícil que en un solo intento pudiese burlarlo, así que me hice el propósito de combatirlo en todo orden de cosas; si antes me bañaba con agua tibia, ahora lo haría con agua fría o caliente, si antes bebía el jugo después de la comida ahora lo haría a la inversa, de modo que todas mis rutinas quedaron trastornadas, y aún mi lenguaje tuvo que ser modificado en la expectativa de burlar las sentencias del *Libro de la Vida*.

Algunos podrían pensar que era una forma de locura, y de hecho fui bastante conciente de esto por lo que me cuide de que nadie notara mi comportamiento tan inusual. Sin perder el espíritu guerrero me propuse que aún cuando no consiguiera escapar a la pre-destinación, por lo menos daría una batalla difícil, y empeñado como estaba en combatir al Creador, llegué a imaginar que de pronto todo el tiempo se detenía, los autos, el viento, la gente, aún el sol en su viaje, todo se hacía un gran silencio y Dios aparecía para censurarme por ser el mayor estorbo que jamás tuvo su creación y desaparecerme de una buena vez. Imaginaba que él chasqueaba los dedos esfumándome sin dejar siquiera el recuerdo de lo que fui, a una Creación que ignorante de todo continuaba el proceso de su inexorable destino como si yo jamás hubiese existido.

Consideraba de cualquier manera que una ejecución de la propia mano del Creador sería lo mejor que podría ocurrirme, así que continué en rebeldía por largo tiempo, esperando pacientemente el momento de mi encuentro con él. Sospechaba, y no con poco fundamento, que la Divinidad muy probablemente disfrutaba de mi actitud después de todo, quizá era éste el camino de las cosas llamadas a despertar en medio de la Creación, algo así como un segundo nacimiento en vida; de repente enviaría sus ángeles a mostrarme otros Universos, o quizá me desaparecería tan rápido que no me daría tiempo a percatarme y de esta manera castigar mi orgullo y soberbia.

Esas primeras batallas terminaron en el mayor de los enigmas, dejándome agotado e incapaz de poder determinar un ganador a la contienda. El Creador no se manifestaba de manera alguna, y eso podía significar que cansado de mi proceder quizá hubiese decidido permitirme re-inventar la vida o en su absoluta maestría podría haberme sacado del universo que conocí, colocándome en una reproducción idéntica en donde no estorbara a sus planes con mis ridículas ambiciones de ser también un Creador como él, ... aunque solo lo fuese de mi propia existencia.

Recostado una de aquellas noches y a punto de caer dormido me pregunté: *"¿Y si realmente escapé al destino que se me había trazado en el libro? ¿Que tal si ese destino era luminoso? ¿Que voy a hacer ahora con mi libertad?"*; y sintiéndome desamparado y con una sensación terrible de vació me dejé arrastrar al sueño en un vértigo de nuevas preguntas sin respuesta.

Fue también a los 7 años que tuve mi primer avistamiento OVNI mientras jugaba con unos amigos fuera de la casa. Varios adultos habían empezado a correr rumbo a la avenida principal y nosotros curiosos a seguirlos, agolpándonos todos en un tumulto de personas y voces que intercambiaban sorprendidas exclamaciones mientras observaban el cielo. A tan solo unos 100 metros y sobre unos restos arqueológicos que la Municipalidad de Lima había cercado varios años atrás, se observaba una luz azul de forma discoidal efectuando las más inusuales maniobras de vuelo. Aquello no podía ser un avión o ningún otro vehículo volador conocido, la inercia y la gravedad no lo afectaban, y de solo imaginarnos a los tripulantes experimentando esos desplazamientos se sentía una especie de vértigo en el estómago. Resulta ahora difícil explicar la fascinación que este primer avistamiento imprimió en mi mente, la certeza de que observaba algo desconocido y probablemente foráneo a nuestro mundo. ¿Cómo encajaba entonces este evento en el *Libro del Destino Humano*? ¿Sería acaso este OVNI el lápiz luminoso de Dios dibujando en su zigzagueante movimiento sobre el libro abierto de la vida? ¿Por qué sobre unos restos arqueológicos en medio de la ciudad? ¿Estaría acaso indicándonos que había algo respecto de nuestro pasado que debíamos conocer o quizá recordar?

La posibilidad de vida extraterrestre y el destino humano final, eran asuntos demasiado serios como para ser pasados por alto, me obligaban a reflexionar en un recorrido lento y persistente que a lo largo de los años fue despertando en mi la certeza de que existían otras formas de la conciencia además del estado de sueño, vigilia y muerte; reconocí que tenía que haber un estado superior de ser, desde el que probablemente tendríamos acceso a otras realidades y como consecuencia a las respuestas a nuestros interrogantes más íntimos. Pero, ¿Cual sería el punto de acceso a esa otra realidad? ¿Acaso mis actos interrumpidos? ¿O quizá un ritual o conjuro a los habitantes de esos otros planos de existencia? ¿La postura de meditación de flor de loto o el arrebato místico de los santos? ¿Dónde se encontraba la llave de los misterios? ¿Dónde la puerta a ser abierta?

CAPÍTULO II

PROFETAS APOCALIPTICOS

"Es entonces necesario prestar atención,... los tiempos del fin han llegado. Con mecánica celestial puede ser demostrado que el sistema solar ha llegado al final de su viaje"
Samael Aun Weor

"He llegado a creer que el mundo todo es un inofensivo enigma que ha sido convertido en un desastre por nuestro propio y enloquecido intento de interpretarlo como si este tuviese una verdad escondida"
Umberto Eco

Temeroso de que las pesadillas de mi niñez se hicieran realidad en un final catastrófico, busqué en diversas fuentes tratando de determinar si alguien mas habría visto lo que yo, o si por el contrario gente con mayor preparación hubiese avizorado un destino de esperanza para todos nosotros. Mis ojos recorrieron los libros de profecías más crípticos y terminé por convencerme de que algunos de estos clarividentes realmente habían alcanzado un conocimiento que no solo los habría liberado del destino regular sino que les había permitido leer en las páginas del *Libro de la Vida* como quien toma un volumen cualquiera de la "enciclopedia cósmica".

Había al parecer algo equivocado en nuestra manera de concebir el tiempo; en occidente acostumbramos leerlo de manera lineal, corriendo de pasado a presente y futuro, unidireccional, incapaz de volver sobre sus pasos o retroceder: Lo que hacemos hoy tendrá consecuencias mañana. Sin embargo, las sociedades agrícolas reconocían ciclos repetitivos, un círculo de estaciones recurrentes en las que se verificaban tiempos de crecimiento y prosperidad alternándose con etapas de carestía y destrucción, lluvia y sequía, siembra y cosecha.

En algunas comunidades tradicionales ciertos eventos podían ser leídos como consecuencia de situaciones futuras; por ejemplo: los campesinos de las inmediaciones del lago Titicaca, en la altiplanicie de Perú, observan a cierta ave que construye su nido más arriba o más abajo del nivel del agua, anticipándose con precisión a las lluvias o las sequías, que aunque siendo eventos futuros son la causa de que el ave elabore su nido a determinada altura. De observar cosas como esta asumí que debería existir un tiempo no-convencional y continuo, uno que no fuese producto de la interpretación cultural del hombre, sino natural y operante aún en ausencia de nuestra mente, un tiempo en el que cada evento fuese un acontecimiento simultaneo a todos los demás, y al que quizá algunos hombres poco comunes hubiesen conseguido acceder.

Referencias a maestros de la visión temporal, profetas y videntes existían varias a lo largo de nuestra historia, desde el Oráculo de Delphos en la antigua Grecia, pasando por el célebre médico y astrólogo francés Nostradamus, hasta los más contemporáneos Edgar Cayce y Benjamín Solari Parravicini; todos ellos de consulta obligada. Pero, de tanto buscar y no hallar certezas uno termina por rendirse en el cuestionamiento personal aceptando la prédica de aquellos que parecieron ser los más acertados; la lógica nos indica que si dieron en el blanco con sus primeras profecías lo más probable es que continúen haciéndolo después; aunque esta lógica solo opera de manera lineal y continúa atrapada en nuestra percepción occidental del tiempo.

Claro que ésta era una manera fácil de salir del apuro, pero siendo ya un adolescente y realmente agotado de buscar una verdad que parecía demasiado difícil de alcanzar, cedí con desaliento frente a la prédica de desesperanza de algunos profetas que no hallaban más solución a la confusión sembrada en el mundo que la de barrer con él, para empezar todo de nuevo: Una nueva humanidad, un nuevo cielo y una nueva tierra, como los que mencionaba la historia del Arca de Noe en El Antiguo Testamento.

Imaginé que quizá la destrucción era necesaria y me apresuré a compartir mi cataclísmica visión de la niñez apoyada con la del Ajenjo anunciado por el apóstol Juan en el *Libro de Revelaciones*:

"...Y el tercer ángel tocó su trompeta. Y una gran estrella que ardía como una lámpara cayó del cielo sobre la tercera parte de los ríos y sobre las fuentes de aguas. Y el nombre dado a la estrella es Ajenjo (amargo)..." (Rev. 8: 10-11)

El *Gran Rey del Terror* que llegaría del Cielo, mencionado por Nostradamus en *Las Centurias* fue otro de mis aliados de esos días. Las noticias por su parte no hablaban de un mundo mejor sino de lo contrario, por lo que creí que la destrucción relatada por estas profecías era una necesidad.

Por ese entonces también, llegó a mis manos *El Comando Ashtar o Proyecto de Evacuación Planetaria*, escrito por una vidente americana de nombre Thelma Terrell, también conocida en los círculos de Nueva Era como Tuella; quien aseguraba que se daría un arrebato o rapto de aquellos justos que aún poblarían la tierra en los tiempos finales; ellos simplemente desaparecerían del lugar en que se hallaban: La madre buscaría al hijo perdido, la esposa al esposo, pero ellos ya no estarían más entre nosotros sino que habrían sido llevados fuera del planeta para repoblarlo con posterioridad a la destrucción. Para este rescate se habrían designado enormes naves de un comando extraterrestre que se encargaría de las operaciones. La narración era tan vívida que uno casi podía ver las gigantescas naves nodrizas emitiendo sus rayos remolque sobre la superficie de la tierra en la búsqueda de "los justos", mientras el planeta se debatía envuelto en el humo de sus últimos estertores.

Poco después me acercaría a otra versión apocalíptica proveniente de un movimiento esotérico que aseguraba estar siendo guiado por uno de los últimos grandes avatares del milenio, el cual garantizaba la aproximación de un planeta gigante de nombre Hercólubus, varias veces más grande que el colosal Júpiter. Este cuerpo estelar, desde la visión del Movimiento Gnóstico, habría destruido de manera cíclica las humanidades que poblaran nuestro mundo con anterioridad, siendo que la actual sería la quinta y la próxima candidata a desaparecer. El supuesto avatar[1] aseguraba que no había manera de evitar el cataclismo pues tanto la decadencia moral como la experimentación científica nos habían llevado a manifestar nuestro karma (Ley de causa y efecto según el Hinduismo) como un proceso de destrucción global. Si intentábamos desviar la trayectoria del enorme Hercólubus con misiles atómicos, estos serían respondidos con un ataque similar por parte de la humanidad guerrera que poblaba semejante mundo de pesadilla; y por si esto fuera poco, su cercanía provocaría que el fuego del interior de la Tierra saliese fracturando la corteza y ocasionando terremotos y tsunamis, las bombas nucleares estallarían en sus silos y la humanidad sería destruida por el fuego y las monstruosas especies mutantes producto de la radiación.

La inmadurez de esa difícil adolescencia que transitaba, me llevó a ver la similitud de visiones y profecías, como quien observa la garantía de un cambio doloroso pero necesario. Quise creer que era así y que el final se daría de cualquier manera con o sin mi aporte; sin embargo, mi llegada a las aulas universitarias cambiaría completamente el enfoque de mi falsa creencia.

El ingreso a la universidad me puso en contacto con ideologías que, en la América Latina de esos años, habían estimulado la aparición de guerrillas y terrorismo declarado en varios países. En la Universidad Nacional Mayor de San Marcos no era poco común que entraran a las aulas líderes encapuchados del movimiento terrorista Sendero Luminoso, acompañados de dos o tres guerrilleros, pistolas automáticas y ametralladoras. Con un gesto obligaban al profesor de turno a tomar asiento y mientras unos hacían guardia en la puerta, los otros se dedicaban a "adoctrinarnos" sobre aquello que consideraban eran verdades irrefutables: El materialismo histórico, el marxismo-leninismo, los principios maoístas, la guerra de

---

[1] Avatar: Palabra sánscrita que define al individuo reconocido como una encarnación del Dios Vishnu; 'El Hijo' en la Trimurti Hindú: Brahma, Vishnu, Shiva.

guerrillas y la lucha armada. Ellos estaban convencidos de que la historia era una especie de rueda de giro inacabable, que indefectiblemente conduciría a la humanidad a un estado de justicia social y distribución equitativa de los bienes. El Socialismo como teoría no sonaba mal, pero observando el terror sembrado por el Partido Comunista del Perú, uno no podía hacer más que cuestionar los procedimientos.

Aseguraban estar empujando la rueda de la historia a la realización de un siguiente estadio de igualdad social, y todos los que no empujásemos en la misma dirección seríamos aplastados de manera inevitable. Hacían volar con dinamita torres de alta tensión que dejaban las ciudades a oscuras o con la luz racionada por meses; estaciones de televisión y radio, embajadas y puestos de la policía eran constantemente atacados. Los coches-bomba sembraban el terror aquí y allá, mientras las células terroristas se organizaban para asesinar algún personaje de la política o reclamar mediante la amenaza directa a la vida el llamado "bono de guerra" de las clases sociales media y alta. La clase baja en cambio, era utilizada como "carne de cañón", seducida por los ideólogos del partido pasaban a formar parte de las filas de la guerrilla.

Una y otra vez observé la modalidad que usaban para reclutar estudiantes, hasta el cansancio fui invitado a unirme o colaborar en la clandestinidad, lo que a la larga me llevó a abandonar la Universidad de San Marcos en el temor de que se me pudiese involucrar indirectamente en las actividades de esos grupos extremistas. Sin embargo, la experiencia había sido valiosa y aportaba con un nuevo punto de referencia; el Materialismo Histórico, con todo lo racional que pretendía ser no pasaba de plantearse como un dogma más. Con la frase: *"La religión es el opio del pueblo"*, pretendían exponer la manipulación de conciencia ejercida por las formas de creencia, pero en realidad no hacían más que solapar la propia finalidad de manipular a una masa humana fanatizada por la fe asesina en una religión sin Dios.

¿Qué tan diferente era esta fe del terrorista de la de aquel que se aferra a la creencia en el fin del mundo? Ambos veían en su dogma el elemento destrucción como una necesidad, ambos aseguraban que luego de que la guerra y el caos hubiesen pasado llegaría un tiempo de paz e igualdad, ambos deseaban que los cambios se diesen lo antes posible y hasta estaban dispuestos a colaborar, ambos poseían sus ideólogos, ambos daban a su creencia el carácter de una profecía ineludible; y mientras unos hablaban de *La Rueda de la Historia* como vehículo transformador, otros hablaban de Hercólubus o Ajenjo como agente de cambio.

Entendí que aferrándome a la creencia en un final catastrófico estaba tan solo sumándome a las filas del terror; no podía seguir vendiendo el miedo a cambio de arrepentimiento, pues ya me había tocado vivir las consecuencias de esa actitud que solo generaba más conflicto, sufrimiento y karma en nuestro entorno. En 12 años de guerra interna en mi país las perdidas eran incalculables, más de 25,000 muertos, miles de heridos, millones en pérdidas materiales, empobrecimiento general y crisis socio-económica eran los resultados; ¿Cómo podría entonces seguir alentando la idea de una destrucción global? ¿Qué acaso no era más humano el compartir esperanza y deseo de transformación positiva?

Al margen de que fuera cierto o no, que nuestros días estuviesen contados debido a la proximidad de un monstruoso mundo en las inmediaciones del sistema solar, o por la llegada del Socialismo, decidí que en adelante buscaría motivos para construir y no para destruir, abandonando de una vez y por todas el sobrevivir mientras espero el cambio, por el vivir espontáneo y libre del día a día.

CAPÍTULO III

HACIENDO CONTACTO

"Camino por un árido desierto buscando algo que no puedo definir. El cielo matizado de púrpura y dorado, y yo deambulando sin rumbo en este océano de arena que se pierde en un horizonte flamígero. ¿Cómo llegué hasta aquí? No lo se. De pronto observo algo rompiendo con la geometría plana del paisaje, algo se alza a lo lejos; me acerco, lo distingo ahora, es un árbol, parece muerto. El viento se ha detenido y estoy más cerca, debe haberse secado hace miles de años, pero se adivina viendo la fortaleza de sus raíces que jamás se rendirá al desierto, nunca caerá. Admiro cautivado la suavidad de su blanca y pétrea corteza que imita al mármol. Hay una luz detrás, pero el tronco es tan ancho que no me permite ver el otro lado; empiezo a rodearlo y súbitamente descubro la fuente de semejante radiación: Un anciano vestido de inmaculada túnica blanca. Estoy sorprendido, y sin embargo en su gesto descubro que él me esperaba hacía mucho tiempo. Su rostro y cuerpo son radiantes y permanece de pie al lado de un enorme Libro que descansa sobre una plataforma de piedra; con un gesto de su mano me indica que me acerque y lea. Curioso me aproximo al dorado volumen y lo abro, sus páginas metálicas están llenas de símbolos que desconozco, pero el anciano me invita a continuar, acerco mis manos y sorprendido siento que el Libro está vivo, los símbolos fluyen hacia mí en información e imágenes, no las estoy aprendiendo sino viviendo en diferentes franjas temporales, no estoy memorizando sino recordando y alimentándome. Ese código simbólico activa algo en mi interior, tiempos de guerra y paz, lugares desconocidos aún por la historia, una tierra con 3 lunas, ciudades bombardeadas por incontables luces, un asteroide precipitándose sobre el océano, una luna roja…, el anciano ha posado la palma de su mano sobre mi pecho separándome del Libro. ¡Necesito saber más!, intento acercarme nuevamente, pero él, con un gesto, me indica que no siga al tiempo que señala la parte alta del árbol; retrocedo asustado, sobre una de sus ramas una enorme serpiente se enrosca como dormida; por algún motivo que no alcanzo a comprender temo que despierte. Recién entonces escucho al anciano hablar en mi mente: 'Debes mostrar el poder, la fuerza de lo viviente; ¡busca el camino por el que la Luz se hace sólida!', en ese instante escucho los gritos de alguien en la habitación y me descubro de vuelta, he despertado" (Gráfico 1)

Diario Personal. Julio 14, 1986

Gráfico 1: *Primer Encuentro con los Guardianes de los Registros y El Libro de la Vida, durante una experiencia de desdoblamiento astral.*

Una noche, a los 17 años, y mientras experimentaba uno de los sueños más fantásticos de los que tengo memoria, los gritos de alguien en mi habitación me obligaron a volver al estado de vigilia violentamente. Una prima que por esos días nos visitaba, y dormía en una cama adyacente a la mía, parecía estar viviendo un episodio histérico. Cuando al fin conseguí calmarla me relató que abriendo los ojos había descubierto a dos personas vestidas de blanco sentadas sobre mi cama. Aterrada por la extraña presencia, no encontró otra manera de liberar sus emociones que gritando a todo pulmón, lo que me trajo de regreso al estado de vigilia.

Ciertamente ella no tenía motivos para fraguar una historia de ese tipo, y por otro lado yo había estado soñando con el *Libro de la Vida* simultáneamente a su visión y con tanto realismo que no me quedó la menor duda de que algo importante estaba por ocurrir. El divino volumen por primera vez me dejaba ver su forma concreta y como para que no dudase tenía hasta un testigo de que lo vivido había sido por demás inusual.

A partir de ese momento, la meditación que había cultivado por años, se hizo más constante y profunda, aunque siempre acompañada por la añoranza de encontrar personas que tuviesen las mismas inquietudes, alguien con quien conversar acerca de aquello que me apasionaba. Por aquellos días me identifiqué mucho con el discurso del Astrónomo Carl Sagan, a quien había escuchado en la serie científica *Cosmos* afirmar la importancia de ponernos a la búsqueda de vida inteligente en el espacio a través de SETI (Searching for Extraterrestrial Inteligence[1]), proyecto que pretendía a través del uso de radio-telescopios, entablar comunicación con civilizaciones de otros mundos.

No era descabellado imaginar que algún radio-aficionado del otro lado de la galaxia estuviese escuchando nuestras transmisiones, ni lo era pensar que quizá las ondas de radio fuesen solo una de las bandas posibles de emisión, siendo que muy probablemente nuestros pensamientos también estaban viajando por el espacio y quizá alguien mas en lo profundo de esa noche cósmica los estuviese oyendo.

---

[1] Buscando Inteligencias Extraterrestres.

Muchas veces durante las prácticas y ejercicios mentales que realizaba en la azotea de la casa, descubría pequeñas luces moviéndose en el firmamento, y no podía evitar preguntarme si estaríamos siendo observados por alguna civilización extraterrestre; imaginaba que sería más probable conversar abiertamente de mis inquietudes con un alienígena que con una persona de la tierra, y por muchas noches me concentré en entablar una comunicación telepática con alguien del cosmos que estuviese tratando de hacernos llegar un mensaje o quizá sintonizado en la misma banda de pensamiento que la de este soñador terrícola; pero, más allá de observar las pequeñas luces cambiar de dirección o hasta zigzaguear a gran altura no percibí respuesta alguna, por lo menos no en los términos en que yo hubiese deseado; lo que lejos de desanimarme me llevó a repetir el inusual experimento una y otra vez hasta convertirlo en parte de mis prácticas regulares.

Y ocurrió por esos días, que mientras tomaba un descanso escuché el teléfono sonar con insistencia; fastidiado de que nadie contestara me levanté de la cama y tomando el auricular escuché una voz femenina dirigirse a mí en un lenguaje directo y simple:

"…Dijiste que buscabas amigos en las estrellas y nos encontramos ahora cerca, pronto te visitaremos, prepárate…".

No fue solo el mensaje lo que llamó mi atención, sino la peculiaridad de la voz que conforme hablaba iba cambiando el tono al de un hombre y un niño. La comunicación se corto súbitamente, y yo sin poder salir de mi asombro, colgué el auricular preguntándome cómo podía ser posible que conversar con extraterrestres hubiese sido tan sencillo como hablar por teléfono; hubiese esperado cualquier otra cosa, pero lo ocurrido, por su simpleza escapaba a mis ideas sobre como debía darse una comunicación con seres de otros mundos.

De pronto desperté en la cama percatándome de que jamás me había levantado con el cuerpo físico; el teléfono aún sonaba y al responder se cortó de inmediato la llamada, lo que me dejó la sensación extraña de que lo vivido no había sido un sueño común sino un desdoblamiento astral[1] inducido en mi por algo o alguien exterior.

Me enteré en esa misma semana, a través de la televisión, que un instituto de investigación del fenómeno OVNI viajaría junto con los miembros de un grupo que afirmaba mantener contacto con extraterrestres, al desierto de Chilca (al sur de la capital peruana: Lima), en donde esperaban se diera un encuentro cercano del tercer tipo[2]. La agrupación de contacto mencionada era Rahma, y para mí, que había leído sobre ellos en revistas de misterios y cosas sobrenaturales, era la primera oportunidad de acercarme.

Apareciéndome sin invitación en el lugar de sus reuniones busqué la manera de infiltrarme para participar del campamento al desierto, pues estaba convencido de que la visita anunciada en sueños se concretaría allí; sin embargo, fui rechazado por los miembros más antiguos de Rahma, quienes me aseguraron que al viaje solo irían aquellos que tuviesen más de un año preparándose en el grupo.

Rebelde, y acompañado por mi padre y un amigo de la infancia, me interné en el desierto de Chilca buscando la zona previamente escogida para el encuentro. Recorrimos en la más cerrada oscuridad y por horas los polvorientos caminos del lugar, hasta que mi padre temeroso de que el auto quedara atrapado en la arena decidió -a pesar de mi oposición- que regresaríamos a Lima. Me sentí triste y confundido sin poder entender el por qué se me habría extendido la invitación a contactarme si es que ésta al final no iba a poder concretarse.

Horas después, en casa y recostado en la cama, quise leer un libro cualquiera para ocupar la mente en otros pensamientos; pero, ni bien había pasado la primera página, un corte en la luz me hizo desistir. *"Probablemente*

---

[1] Capacidad de separarse conscientemente del cuerpo físico en un vehículo de energía más sutil, bastante similar en apariencia aunque con sentidos distintos.

[2] Tipología acuñada por el investigador Allen Hynek para definir la experiencia de contacto en la que se verifica la aparición de entidades animadas, ocupantes, humanoides u ovninautas.

los terroristas han hecho volar otra torre de electricidad", pensé recostándome y tratando de conciliar el sueño mientras daba vueltas a la ironía de que las acciones terroristas se hubiesen convertido en algo común en mi país.

De pronto un ruido me hizo sentar de un salto, el chillido de un ave nocturna se había oído en el interior de mi habitación, por lo que poniéndome de pie busqué por todos lados sin encontrar rastro del ave. Iba a volver a tenderme en la cama cuando el sonido volvió a escucharse intenso, solo que en esta ocasión pude distinguir que el ave realmente se hallaba a distancia, siendo que por algún motivo que no alcanzaba a comprender podía oírla como si estuviese dentro del cuarto; el animal volvió a chillar y mientras la lógica me indicaba que se hallaba por lo menos a 50 metros de la casa, el sentido del oído me decía que estaba tan cerca que podría tocarlo con solo estirar las manos. Traté de captar algún otro sonido pero solo alcancé a percibir una sutil vibración de fondo de origen desconocido; los perros de la cuadra parecían sentirla también pues empezaron a ladrar nerviosos, y ese es el último recuerdo que tengo de esa noche antes de caer profundamente dormido.

En el sueño me veía en la habitación de mis padres, acompañando a mi hermano menor que tocaba la guitarra, cuando de súbito la vibración volvió a sentirse, solo que ahora más intensamente, lo que me dio la certeza de hallarme conciente en el plano astral. La vibración era ahora un zumbido que provenía de la calle, me acerqué a la ventana y muy impresionado descubrí frente a la casa dos pequeños seres de ojos redondos y negros, vestidos con un mameluco gris-plata.

Casi no podía creerlo, realmente habían venido a visitarme. De inmediato corrí a la puerta saliendo apresurado a darles el encuentro. Allí estaban estos dos extraños seres que quizá no alcanzarían un metro de estatura, lo que combinado a la expresión inocente de sus rostros me dejaba la sensación de estar frente a un par de niños.

Inclinándome los observé de cerca al rostro, la piel era color amarillo-crema, tenían el arco superciliar de las cejas pero ningún tipo de bello, los ojos se veían completamente negros, la nariz y boca ligeramente dibujados,

24

y sobre la cabeza, que era algo grande en proporción con el cuerpo, una casi imperceptible cresta, visible únicamente debido a la carencia de cabello. A nuestro patrón de belleza eran sin lugar a dudas diferentes, pero todo lo que me inspiraban era inocencia y un sentimiento de familiaridad.

Me indicaron sin hablar que los siguiera, y observé a unos 30 metros sobre el pavimento un objeto cúbico de ángulos romos suspendido en cuatro patas a manera de un módulo de aterrizaje. A partir de ese instante mis recuerdos están fragmentados; … nos desplazábamos en un vehículo mayor mientras por un ángulo de mi campo visual observaba la luna como nunca antes la hubiese visto con mis ojos físicos: llena de cráteres y muy cercana; la sobrevolamos hasta llegar a la región oscura y desde allí podíamos ver un objeto opaco y esférico suspendido a manera de un satélite de nuestro satélite (¡!). Hacia allá nos dirigimos; estos seres le llamaron: *Luna Negra*, asegurando que era un satélite artificial que habría sido colocado allí para estabilizar la órbita de nuestro satélite natural que en algún momento estuvo a punto de incrustarse en la corteza terrestre. El artefacto no reflejaba la luz solar sino que más bien la refractaba haciéndose prácticamente invisible a los observadores en la Tierra.

Lo siguiente de lo que tengo memoria son imágenes más antiguas de un mundo entre las orbitas de Marte y Júpiter; un planeta amarillo de nombre Maldek; una guerra en el espacio y la destrucción de este mundo que estallara formando el cinturón de asteroides.

La cercanía de Marte durante el acontecimiento determinó la pérdida de gran parte de su atmósfera; las razas que poblaban el planeta rojo se refugiaron en el subsuelo edificando allí sus ciudades y sobreviviendo de esta manera por milenios. Una de estas razas de forma más parecida a la humana, aunque de estatura superior se dedicaría a labores científicas e intelectuales, mientras que la otra, humanoide también pero mucho más pequeña, y a la que pertenecían mis anfitriones de viaje, tendrían una labor digamos técnica.

Estos seres me explicaron que cada cuatro años cuando las orbitas de Marte y la Tierra se acercan, ellos aprovechan para venir a visitarnos y compartir su historia   -que es también de alguna manera nuestra- con todos aquellos terrestres que se predispongan al contacto. Tuve un profundo sentimiento de pérdida al ver esas vívidas imágenes de como Marte había sido trasformado por la destrucción de su vecino y no pude contener las lágrimas al sentirme tan identificado con aquellos dos pequeños hermanos del espacio.

A la mañana siguiente no recordaba nada en absoluto y no fue sino hasta pasadas varias horas que las imágenes regresaron a mi nivel consciente; primero lentamente como para permitirme asimilarlas, luego fluidas y tan claras que no me quedó duda de que lo vivido tenia un significado profundo y real.

Las noches subsiguientes la vibración volvía a percibirse provocando nuevamente el nerviosismo de los perros y la activación de mis recuerdos como si algo invisible estuviese afianzándolos en la memoria; posteriormente se fue haciendo cada vez más suave hasta terminar por desaparecer unas semanas después.

Me di cuenta de que el encuentro astral con el Libro había precipitado estas experiencias y alterado sutilmente mis percepciones, algo estaba cambiando en mi interior, y supe que de continuar aislado esta nueva sensibilidad podría fácilmente ser mal interpretada por mis familiares y amigos cercanos, por lo que tomé la determinación de unirme al Grupo de Contacto Extraterrestre: Misión Rahma, en la expectativa de conocer gente que hubiese tenido vivencias similares.

LA VERSIÓN EXTRATERRESTRE
Y LA VERSIÓN HUMANA

CAPÍTULO IV

EXTRATERRESTRES ENTRE NOSOTROS

"... Ante las constantes visitas de navieros extraterrestres la ciencia negará, luego dudará y por fin dirá: ¡Verdad es!. Y nuestra sapiencia ha quedado atrás. ¡Siglos nos vigilan y contemplan!..."

Benjamín Solari Parravicini (1940)

"... Finalmente, algo sucedía. Al parecer un fenómeno cósmico terminaba por alterar significativamente el eje de la Tierra y la cercanía de un cuerpo celeste determinaba lo que podría calificarse el último y más funesto accidente. Al verse alterado el campo electromagnético del planeta, muchas de las armas activadas detonaban en sus propias bases y silos nucleares, y hongos atómicos se alzaban por doquier. Veía entonces... grandes naves resplandecientes que se posaban en tierra y recogían a muchísima gente..."

Sixto Paz Wells, "Los Guías Extraterrestres y la Misión Rahma"

Recién habían transcurrido siete semanas de empezar a recibir instrucción en las prácticas del Grupo de Contacto Extraterrestre: Misión Rahma, cuando tuve la oportunidad de participar de un avistamiento colectivo.

Esto ocurrió en el desierto de Chilca, a 60 Km al sur de la ciudad de Lima. Quince personas nos retiramos a la soledad de este lugar para ejercitarnos en las prácticas en las que hasta ese momento se nos había instruido: una modalidad de meditación dirigida, mantrams y técnicas de respiración. Al final del primer día que permanecimos allí, observamos como de una enorme nube alargada brotaban pequeñas luces blancas que hacían

29

desplazamientos en el cielo como si adoptasen diferentes formaciones. Unas subían y bajaban mientras otras se movían a los lados sin interferirse; todos estábamos fascinados con el espectáculo, y algunos sentimos el deseo de correr hacia allá para observar más de cerca. Como respondiendo a nuestros deseos una de estas luces abandonó la formación y empezó a acercarse permitiéndonos ver un objeto de forma ovalada y brillante. Conforme la nave se aproximaba, unas muchachas que nos acompañaban empezaron a pedir en voz alta que no se acercaran más porque sentían temor. El resto les rogamos que conservaran la calma, pero era evidente que bajo las circunstancias ellas no conseguirían hacerlo.

De cualquier manera, el objeto luminoso se detuvo como a unos 200 metros de donde nos encontrábamos e inmediatamente empezó a descender sobre una elevación del terreno. Mi instructor y amigo Edwin Ergueta, nos pidió que bajo ninguna circunstancia nos separásemos; y todo lo que hicimos el resto de la noche fue mirar la luz cercana cambiar de intensidad, mientras las otras más lejanas continuaban esa danza, ingresando y saliendo de la nube. En silencio, observé por horas, sintiendo como aquel espectáculo provocaba una sensación indescriptible en mi interior, un asombro callado, mudo frente a lo maravilloso; *"Realmente están aquí"*, repetía mi pensamiento una y otra vez como quien trata de comprender lo que habría significado para estos seres venir desde tan lejos.

Pocas semanas después mi padre y hermano se unirían al grupo, pasando pronto a ser testigos de la realidad del contacto; de hecho siempre he afirmado que fue Boris, mi hermano menor, quien al fin consiguió poner en palabras aquella sensación tan intensa del primer avistamiento en Rahma: -*Fue como si Dios estuviese más cerca*- dijo reflexivo, y ciertamente él no se refería a que estuviésemos viendo a estos seres del cosmos como dioses, sino que la sola presencia de ellos en nuestro mundo hablaba de un amor tan grande y universal que nos hacía Uno con todas las criaturas vivientes del Universo, acercándonos de manera intuitiva a una percepción más amplia de la Divinidad.

En los meses siguientes la experiencia de avistar OVNIS se haría cada vez más natural para nosotros de modo que ya casi no llamaban nuestra atención sino que estaban allí únicamente para reforzar que aquello que llegaba como información y experiencia era válido y respaldado por estas civilizaciones extraterrestres.

Recuerdo como una ocasión muy especial una noche en que intentando en solitario la comunicación telepática, uno de estos extraterrestres apareció en medio de la sala de mi hogar como una proyección lumínica.

Toda mi expectativa había sido la de recibir alguna idea que pudiese transcribir al papel que tenía conmigo; sin embargo, a los 15 minutos de relajarme con la respiración tratando de crear las condiciones para la comunicación mental, sentí de pronto un pulso de energía constante atravesando de atrás hacia adelante mi cabeza, y súbitamente este ser vestido de blanco apareció de pie al otro lado de la mesa. Mi respiración se detuvo de golpe y el corazón latía tan aceleradamente que parecía querer salirse de mi pecho. Era mi primer encuentro cara a cara con los Guías de la Misión Rahma, e inesperadamente esta experiencia se estaba dando en mi propio hogar (Gráfico 2).

No sabía que hacer, este era uno de mis primeros intentos de comunicación psicográfica y pensé que quizá el extraterrestre empezaría a dictarme lo que debía escribir; en lugar de eso percibí su amor fraternal envolviéndome como una fuerte emoción que mi cerebro automáticamente tradujo a la palabra: *"Hermanito…"*; así se inició mi conversación con este ser de impresionante belleza física y espiritual. Sus ojos eran rasgados y los pómulos bastante definidos, el mentón ligeramente afilado y el cabello largo y cano que le llegaba hasta los hombros. La forma de su cuerpo, por lo menos en lo que alcanzaba a observar desde mi posición, era bastante bien proporcionada, quizá como la de un gimnasta. Se cubría con una túnica blanca y todo su cuerpo parecía irradiar luz de esa misma frecuencia.

Casi no podía dar crédito a mis ojos, me hallaba realmente nervioso y sin atinar a hacer nada más que observar a aquel ser de apariencia tan bella que pensé fácilmente podría ser confundido con un ángel. Luego de las primeras palabras que mi cerebro tradujo sin mayor dificultad, ingresé a un estado de serena tranquilidad que de alguna manera estaba siéndome impuesto por aquel visitante que sin rodeos me explicó que yo no era el *antena*[1] del grupo:

"Hermanito…, no es el momento adecuado para que empieces la labor de recepción de mensajes; sin embargo deberás ir y comentar lo vivido al grupo, de modo que predisponiéndose ellos a la comunicación, surgirá en medio de ustedes aquel que de manera espontánea podrá recibir las pautas que les compartiremos sobre la preparación y el trabajo a vosotros encomendado. La vida os depara aun muchas sorpresas, alegrías y dificultades, pero en cada paso que deis estaremos nosotros listos como ahora, a apoyar cualquier iniciativa que de manera desinteresada y comprometida aporte al despertar del grupo y la humanidad toda"

Su suave sonrisa y expresión fraternal acompañaban la poderosa emoción de sentirme protegido por él. De pronto la luz se hizo más brillante en su entorno, reduciéndose al mismo tiempo que parecía absorber la forma del ser que la irradiaba. Su figura había desaparecido en un parpadeo, y yo, lejos de sentirme mal por no haber sido seleccionado para recibir mensajes telepáticos, me desbordé en entusiasmo contándole a todo el mundo lo que había pasado, golpeándome de inmediato con la pared del escepticismo en el rostro de mi madre, hermana y amigos; sin embargo, tal y como el Guía Extraterrestre lo hubiese anunciado, luego de narrar mi experiencia al grupo uno de los muchachos nuevos empezó a intentar la comunicación abriendo su canal de inmediato y recibiendo de manera constante mensajes telepáticos bajo la modalidad de escritura automatica[2], los que serían una fuente enorme de información y consejos prácticos para todos.

De esos primeros encuentros entendí que la telepatía no era solamente el transmitir pensamientos o la conversación mental en algún idioma extraño, sino básicamente la transmisión de una emoción-idea que nuestro sistema nervioso automáticamente traducía al idioma que nos era propio. Me tocó experimentar esto múltiples veces durante las meditaciones que acostumbraba hacer por las tardes; en ese estado, mi ser se enlazaba con

---

[1] En la terminología del Grupo Rahma, individuo que a nombre del colectivo recibe mensajes telepáticos provenientes de la mente de un instructor extraterrestre.

[2] Modalidad de comunicación telepática instrumentalizada en la que se usa papel y lápiz para plasmar el mensaje simultáneamente a su recepción.

facilidad al de nuestros Hermanos Mayores (así acostumbramos llamarles en Rahma) y ellos podían inducirme a través de las más diversas sensaciones e imágenes a un conocimiento que era clave de nuestra preparación.

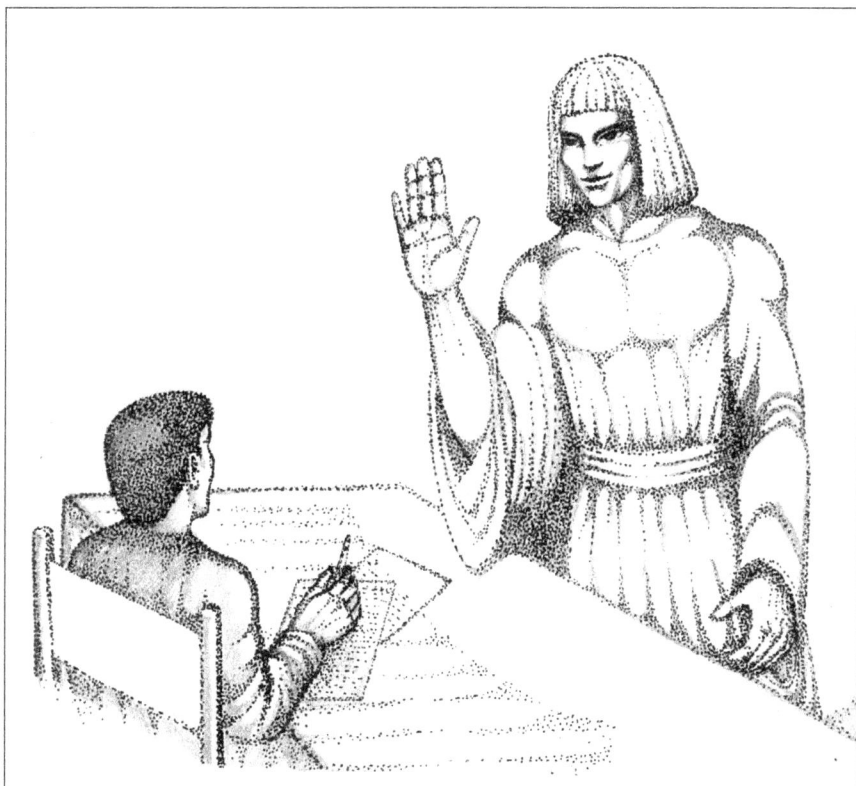

Gráfico 2: *Aparición de un Guía Extraterrestre durante un intento de Comunicación Psicográfica (1988)*

Extasiado descubrí que uno de los objetivos fundamentales de la Misión Rahma era el de recibir el llamado *Libro de los de las Vestiduras Blancas*, que no sería otra cosa más que el Registro Akashico Planetario, la verdadera historia de nuestro mundo y las humanidades que lo poblaron. Mi creencia de largos años en el *Libro del Destino* no era tan descabellada después de todo.

Los Guías nos explicaron que era de fundamental importancia que accediéramos a nuestra verdadera historia pues no habría otra manera de romper la cadena de destrucción cíclica a la que las humanidades del planeta han sido sometidas a lo largo de millones de años. Conocedores de nuestro pasado podríamos proyectarnos con conciencia plena a la construcción de un futuro de luz que beneficiaría no solo a nuestro mundo sino a todas las civilizaciones del cosmos que permanecen expectantes de nuestro devenir.

Para que se entienda mejor que es el Registro Akashico, imaginen que una entidad extraterrestre nos observa desde un mundo a más de 100 años luz del nuestro. Esta distancia significa que la luz que viaja de manera constante a 300,000 kilómetros por segundo, demoró 100 años en llegar hasta allá. Imaginen ahora que este extraterrestre tiene un artefacto sofisticado de observación con el cual puede descomponer la luz que le llega de modo que no solamente mira la Tierra en su pantalla sino también los eventos que allí acontecen. Puesto que está trabajando sobre la luz que ha demorado en llegar hasta él 100 años, lo que observará en su pantalla no es lo que está ocurriendo en la Tierra en este momento, sino que estará viendo escenas de hace 100 años atrás.

De igual manera si el observador se hallase a 75 millones de años luz, al mirar con su sofisticado instrumento vería probablemente una Tierra poblada por dinosaurios y de nosotros ni rastro puesto que todavía no existíamos.

Si entendemos bien este concepto veremos entonces que nuestra historia está viajando como luz por todo el cosmos llevando consigo la experiencia vital de cada criatura, de modo que lo que hacemos en vida hace eco por toda la eternidad. *El Registro Akashico* es como una banda magnética natural de la Tierra (la ciencia la conoce como el Cinturón de Van Allen) en la que estos patrones de luz de nuestra historia van quedando grabados.

La Confederación de Mundos de la Galaxia, conocedora de que un cambio radical en el eje terrestre podría provocar la desaparición del Cinturón de Van Allen y como consecuencia la pérdida de la valiosa información allí registrada, se dio al trabajo de transferir esa historia a un código simbólico ideográfico de significado abierto (lenguaje de símbolos) usado por los planetas de la Confederación; este habría sido impreso sobre unas planchas metálicas doradas que constituyen el *Libro de los de las Vestiduras Blancas*, la historia viviente del planeta.

Me había empapado de toda la información que llegaba a mí por diversas fuentes al interior de Rahma: meditaba constantemente, revisaba los archivos de comunicaciones psicográficas recibidas desde los orígenes de la Misión en el 74, conversaba con algunos de los más antiguos miembros del grupo y participaba de todas las actividades en las que podía involucrarme. Había encontrado en los miembros de la agrupación, los amigos que por años estuve buscando; no había tema de conversación prohibido entre nosotros, y en ese ambiente de camaradería las experiencias se fueron sucediendo, corroborando vivencias previas y sobre todo activando el recuerdo de aquello que ahora llegaba como información; al fin comprendía el por qué de la frase repetitiva de mi infancia: *"...no debo olvidar..."*; sufríamos de una amnesia colectiva, habíamos olvidado nuestra historia y por lo tanto nos habíamos olvidado de nosotros mismos.

La amorosa presencia de nuestros Hermanos Mayores era siempre una dosis de esperanza para nosotros, bastaba ver sus naves para llenarnos de esta sensación de protección y compañía, sentir sus pasos a nuestro alrededor mientras meditábamos o el toque sutil de sus manos en nuestros hombros nos llevaban a comprender la importancia de todo aquello. Estos Guías Extraterrestres realmente confiaban en nuestro potencial; una y otra vez nos vimos en situaciones en las que pensábamos que sin lugar a dudas los habíamos decepcionado, sin embargo, siempre estaban allí impartiendo en sus comunicaciones mensajes de aliento que nos invitaban a continuar a pesar de los naturales tropiezos que encontraríamos en el camino.

Me sentía un ser muy afortunado de poder contar con la protección y amistad de estos seres; y al mismo tiempo, de compartir con los más antiguos integrantes del grupo entendí que tenía aún mucho por vivir y comprender al interior de esta misión de amor por la humanidad.

Fue por esa época que los Guías empezaron a reiterarnos en sus mensajes que las profecías habían sido dadas tan solo como una advertencia de aquello que podría ocurrir si es que no alterábamos o corregíamos el curso de eventos. Supe que varias personas al interior del grupo, incluido Sixto Paz (iniciador del programa de contacto Rahma en la Tierra), habíamos tenido la visión de una catástrofe por venir, la que sin embargo estaba siendo transformada en cada uno de nuestros trabajos de irradiación positiva al planeta. Los Guías insistían en que nuestras ideas nos construían el entorno y que cuando pensábamos juntos concentrándonos en visualizar objetivos comunes cambiábamos radicalmente nuestra historia.

Al inicio nos costó un poco creerlo pero luego los vimos anunciarnos transformaciones dramáticas en los sistemas sociales y políticos del planeta. La caída del muro de Berlín y la Perestroika en Rusia, nos fueron adelantadas por estos hermanos de las estrellas con varios meses de anticipación, y al comprobar la veracidad de lo que ellos habían pronosticado nos llenamos de asombro y alegría, imaginando que nuestro humilde aporte en conjunción con el de muchos otros grupos a nivel planetario estaba consiguiendo un cambio que a la larga se verificaría en un salto de conciencia colectivo.

Nuestro entusiasmo sin embargo, por desbordante que fuera, continuamente se estrellaba contra el muro de la burla y el escepticismo de muchos, por lo que los Guías Extraterrestres, buscando apoyar aún más nuestra labor de abrir conciencias, nos invitaron en varias oportunidades a convocar a la prensa y televisión internacionales; como ocurriera el 26 de Marzo de 1989, cuando más de 40 periodistas de todas partes del mundo pudieron verificar y documentar la aparición de estas naves sobre el desierto de Chilca; cayendo sobre los miembros de Rahma la responsabilidad de compartir con las diferentes agencias noticiosas y con todos aquellos que a raíz de esta exposición a los medios se acercaron para recibir el mensaje.

Los Guías hablaban de que la Tierra estaba a punto de entrar a la 4ta dimensión y que este cambio vibracional no tenía que verificarse como una catástrofe si todos trabajábamos intensamente en elevar el nivel de conciencia de la humanidad actual. Era pues de necesidad la difusión de este mensaje de esperanza que conseguiría el despertar colectivo y la transformación que nuestros Hermanos Mayores avizoraban como una luminosa posibilidad para nuestro mundo.

Desde la visión extraterrestre no hay duda de que la Tierra y el hombre están por hacer un salto a una nueva condición de existencia; y de cada uno de nosotros depende que esta transformación se dé en armonía con todo el Universo; sin embargo, en esta Era de Acuario que se caracteriza por el flujo enorme de información, se da también el fenómeno de desinformación, de modo que muchas veces la verdad que llega a nosotros por diferentes vías, viene teñida de falsedad y medias verdades; siendo que hoy más que nunca corresponde al habitante de este planeta hacer uso de su libre albedrío, intuición y discernimiento para determinar cuanto de lo que hasta él llega es válido y sirve para continuar en el camino evolutivo.

CAPÍTULO V

GUERRA EN LOS CIELOS

"Porque la guerra del hombre no es contra carne y sangre, sino contra altas jerarquías celestiales e infernales que tienen autoridad y mando en este mundo oscuro y confuso"

"La Biblia" (Efesios Cap. 6, Ver. 12)

En las meditaciones y estudios grupales de Rahma, se nos iba revelando lentamente y cada vez con mayor coherencia una historia que se remontaba a un periodo de tiempo aun más antiguo que la aparición misma del hombre; los guías extraterrestres apoyaban con la presencia de sus naves o la proyección de sus cuerpos de luz la recepción de semejante información, lo que no nos dejaba dudas respecto de la importancia de lo que nos era compartido; sin embargo, se trataba de una historia que nos comprometía desde sus inicios y daba a nuestra evolución de especie la categoría de un proceso de redención cósmica, la que muy resumida podría ser expresada en los siguientes términos:

Erase una vez en la tercera dimensión un paradisíaco planeta de aura azul, poblado por las más diversas especies animales y vegetales, una joya en medio de un universo aún joven.

En el tiempo este mundo llegó a manifestar vida inteligente, y puesto que las tres cuartas partes del planeta estaban cubiertas por agua, no era de sorprender que fuese en este elemento en el que se desarrollasen las formas de vida más evolucionadas. Así, en una Tierra sin intervención extraterrestre, fueron los mamíferos acuáticos: delfines y ballenas, y no formas humanoides como la nuestra, las que llegaron a escalar a estadíos de conciencia superiores.

El avance de estos cetáceos[1] no fue medido en base a sus logros tecnológicos, los que ciertamente jamás manifestaron, sino por el grado de evolución alcanzado en su relación armónica con el medio. Ellos se constituyeron en los guardianes naturales de este mundo, y para cuando la Tierra había concluido su ciclo de vida, los delfines y ballenas hacía millones de años que habían conquistado la cuarta dimensión o conciencia de eternidad.

Millones de años transcurrieron en el Universo, las formas de vida y civilizaciones más diversas se sucedieron unas a otras, algunas dejando huella tangible de su presencia y otras tan solo de paso por el plano de la materia.

El Universo entonces era ya antiguo, y se dice que las razas más avanzadas que lo poblaban habían llegado al punto de un estancamiento evolutivo. Lug, una entidad del plano mental[2], solicitó al Universo Espiritual se concediera el Libre Albedrío a todas las civilizaciones del plano material de modo que cada una fuese responsable de su propio avance. Esto ciertamente ayudaría a los seres que se hallaban en los estadíos de conciencia más altos pero perjudicaría a aquellos que se encontraban en la franja más densa haciéndoles prácticamente imposible el avance debido a la complicación propia del plano en que les había tocado vivir.

---

[1] Orden de mamíferos marinos de gran tamaño, como la ballena, el cachalote, el delfín, etc.
[2] El Universo desde la versión extraterrestre poseería tres manifestaciones distintas y 12 dimensiones: 7 dimensiones del plano material, 3 del plano mental y 2 del plano espiritual; la mayoría de ellas pobladas por diversas formas de vida e inteligencia.

Desde el Universo Espiritual, *El Profundo Amor de la Conciencia Cósmica*[1] manifestó su voluntad de ayudar a recuperar la dinámica evolutiva perdida, pero a través de la creación de una raza especial de la tercera dimensión, seres a los que otorgaría el Libre Albedrío y la Chispa Divina de su propia esencia. Se esperaba que esta raza, con un potencial ilimitado, fuese capaz de generar estados de conciencia como nunca antes se habían producido en el Universo, saltando de un estadío al siguiente de manera tan acelerada que podrían en su avance arrastrar consigo a todas aquellas civilizaciones del cosmos que se habían ido quedando sin impulso en el camino de su propia evolución.

Esta raza especial, doblaría el Universo colapsando tiempos y procesos innecesarios hasta alcanzar una séptima dimensión de conciencia, estadío máximo de avance en nuestro Universo Material.

Lug o Lucifer, no concibiendo que pudiese otorgarse el libre albedrío a unos "animales" de la tercera dimensión, se reveló contra el Plan Divino arrastrando consigo infinidad de civilizaciones del Universo y desatando una guerra sin precedentes en la historia de la Creación; mientras la Tierra, como manzana de la discordia se preparaba para ser intervenida de múltiples maneras.

"…Y se vio otra señal en el cielo, y, ¡miren!, un dragón grande de color de fuego … y su cola arrastra a la tercera parte de las estrellas del cielo, y las arrojó abajo a la Tierra…". (Rev.12: 3-4)

Este corto párrafo del Libro de Revelaciones estaría refiriéndose al conflicto desatado "millones de años en el futuro" por Lug (el dragón), el fuego expansivo estaría representando la guerra, y las estrellas barridas por su cola a todas aquellas civilizaciones seducidas a actuar en oposición al Plan Cósmico.

---

[1] Descripción que hacen las civilizaciones de la Confederación de la presencia de Amor a la que nosotros llamamos Dios.

De cualquier manera la guerra se definió a favor de aquellas civilizaciones que apoyaban la iniciativa de crear a la raza humana.

Desde Andrómeda, fuente de los programas de vida y energía para todo nuestro Universo Local y en donde opera *El Concilio Regente de los 9*, también conocido como *La Hermandad de la Estrella*, se emanaron las directivas al *Consejo de los 24 Ancianos de la Galaxia*, representantes de los mundos más evolucionados de nuestra nebulosa espiral. Estos 24 seres de elevadísima espiritualidad operaban en ese entonces en la región estelar que hoy conocemos como *El Cinturón de Orión*, desde allí se encargaban de orientar a las civilizaciones agrupadas en una Confederación de Mundos.

De acuerdo al Plan se escogieron ocho mundos en nuestra galaxia; Planetas Ur[1] de tercera dimensión, ubicados en las fronteras de nuestro Universo Local y en sistemas de una sola estrella. La ciencia de nuestros días reconoce que la gran mayoría de sistemas en nuestra galaxia son binarios (de dos soles) o trinarios (de tres soles), siendo que la condición de nuestro sistema con un único sol amarillo es una rara excepción a la regla.

Según la versión extraterrestre no solo seleccionaron mundos, sino que en varios de los casos tuvieron que modificar aún el sistema completo, reubicando las órbitas de algunos planetas y hasta trayendo lunas de lugares y tiempos remotos para crear el balance esperado. Que no nos sorprenda entonces si la ciencia pronto nos da la noticia de que nuestra luna no solo es más vieja que la Tierra sino que además habría tenido su origen en otras regiones del espacio; lo mismo las lunas Nereida, Tritón, Titán y algunos de los satélites de Júpiter.

No solamente se escogieron cuidadosamente las condiciones materiales sino fundamentalmente las temporales. Aclarando esto diremos que para cuando el conflicto estalló en los cielos, el universo era antiguo y la Tierra un planeta muerto hacia varios millones de años. Se tuvo entonces que crear un tiempo artificial o alternativo para la Tierra, se regresó al pasado, a

---

[1] Planetas de aura azul en la tercera dimensión, ubicados en sistemas de un único sol. Mundos experimentales en los que se siembra vida de manera artificial con una finalidad evolutiva.

un periodo en que el universo era relativamente joven y se hicieron las modificaciones necesarias de modo que los planetas Ur pudiesen albergar vida como la nuestra. Si el proyecto de esta humanidad especial fallaba y la raza humana terminaba por autodestruirse en nada afectaría al *Tiempo Real del Universo*, pues nosotros habríamos desaparecido hacia mucho. Si por el contrario, el proyecto era un éxito, nuestro salto evolutivo a una cuarta dimensión y posteriormente a una séptima, afectaría positivamente a toda la Creación, provocando que nuestro impulso imprimiera a la dinámica evolutiva del Universo la aceleración necesaria para que otras civilizaciones que se hallaban estancadas en cuarta, quinta y sexta dimensión de conciencia, hiciesen el salto a quinta, sexta y séptima dimensiones respectivamente.

¿Por qué un trabajo tan tedioso para crear una raza como la humana? Quizá no tanto por lo que ahora manifestamos como si por el potencial que podemos llegar a desarrollar.

La vida en este planeta según nuestros Hermanos Mayores fue sembrada hace millones de años, y la raza humana, elaborada de la mezcla de una especie de homínido propio de la Tierra y una raza estelar que combinó allí su propia semilla e información genética. Decir que eran ingenieros genéticos provenientes del espacio es tan solo tratar de ponerlo en nuestros términos para hacerlo más comprensible, porque en realidad lo que hicieron estos seres, fue impregnar sus patrones de energía sobre la cadena nucleica del ADN[1] de esa especie (de manera similar a como se grabaría el sonido sobre una cinta magnetofónica), modificándola y permitiendo así la manifestación de seres similares a sus modelos, aunque en un soporte material en transición de tercera a cuarta dimensión.

Recordemos que en el Génesis se menciona a Elohím como el Creador y que esta palabra en hebreo significa *Dioses* (en plural) y no *Dios* como comúnmente se cree; también dice el Génesis que el hombre había sido creado a imagen y semejanza de Elohim; y no debería sorprendernos que

---

[1] Ácido nucleico que lleva la información genética determinando las características hereditarias de un individuo: estatura, color de piel, contextura, etc.

no fuese el mismísimo Dios sino sus enviados los que se encargaran de manifestarnos en este plano. Suficiente revisar el Antiguo Testamento para cerciorarnos de que en múltiples ocasiones la Divinidad se sirve de sus Mensajeros, Enviados Celestes o Ángeles para hacer el trabajo.

En el Laboratorio Tierra, esa primera humanidad vivía en armonía con su entorno y bajo la estrecha vigilancia de sus mentores; pero la paz no duró mucho; Lug, que aún dejaba sentir su influencia sobre ciertas regiones del espacio, se precipitó desde el Universo Mental sobre el proyecto desarrollado en esta tercera dimensión, tentando sutilmente a uno de estos Elohims a tratar de acelerar la evolución a través del consumo de plantas alucinógenas entre la población humana.

Originalmente se habría intentado un desarrollo controlado del medio y la especie por lo que estas plantas habrían sido descartadas en su uso como amplificadores de la conciencia; pretendiéndose con esto un avance natural en lo que a la capacidad psíquica de la humanidad se refiere.

Muchos etnobiólogos de nuestro tiempo están de acuerdo en que fue el uso de psicotrópicos como el Peyote, el Ayahuasca o los hongos alucinógenos, lo que precipitó la transformación de la psiquis humana a su estadío actual de civilización como la conocemos; primero incluyendo estas plantas (de manera accidental) en la dieta, y luego de vivir los efectos, determinando a los especialistas que se encargarían de manejar este *alimento de los dioses*[1], generando de esta manera manipulación de su entorno, status y organización social; ¿Será acaso esto a lo que se refiere el Génesis metafóricamente cuando menciona que luego de comer del fruto del árbol, el hombre se descubrió desnudo y procedió a cubrirse el cuerpo con hojas, empezando de esta manera el proceso de manipulación de su medio ambiente?.

El mito del Paraíso Terrenal y la expulsión del hombre por el consumo del fruto prohibido pareciera hablarnos de una antigua y traumática memoria:

---

[1] Terence McKenna, "Food of the Gods". 1992

El ser humano invitado a acceder al conocimiento del bien y el mal en la promesa de llegar a ser como Dios, y su posterior destierro del Jardín del Edén.

Luego de la falta cometida, esta primera humanidad habría sido abandonada a su suerte como un proyecto fracasado, y aquel Elohim que propició la ingestión de estas plantas prohibidas, condenado a quedarse en la Tierra, en donde rápidamente perdería su cuerpo físico, siendo que su esencia permanecería atrapada aquí. En el tiempo, otros opositores al Plan Cósmico serían igualmente deportados a la Tierra que pasó a convertirse en una especie de cárcel sideral.

Esperaba *La Hermandad de la Estrella* que estos extraterrestres se ocuparan desde el plano mental de estimular un desarrollo psíquico armónico en la humanidad que habían pervertido, pues de ayudarnos a elevar conciencia, ellos mismos conseguirían liberarse de la densidad de este plano de tercera. Sin embargo el efecto fue contraproducente, pues estos seres ya habían sido seducidos por Lug y no operarían más en la línea de acción del Plan Divino. Aún cuando su estadía aquí había sido impuesta y condicionada al aporte que pudiesen significar a la evolución; ellos optaron por continuar en oposición, obstaculizando desde lo mental cualquier forma de avance que pudiese operarse en este mundo. En el tiempo ellos serían conocidos por diversas tradiciones del planeta como ángeles caídos; uno de estos sería Shaitán, dios-demonio sumerio cuyo nombre fue degenerando fonéticamente en Satán y Satanás.

Más poblaciones extraterrestres serían deportadas a la Tierra y algunas llegarían por los más extraños motivos; unos por investigación a la manera de un antropólogo sideral, otros en cambio como sobrevivientes del naufragio de sus naves o mundos de origen. En los casos más extremos, algunos de estos grupos llegarían en calidad de guerreros, siendo que nuestro planeta habría sido utilizado en más de una oportunidad como campo de batalla para la guerra que, si bien estaba inclinándose a favor de la Confederación, aún se verificaba en violentos encuentros (Gráfico 3).

45

En el *Mahabharatha*, Libro Sagrado de la India, se relata con especial minuciosidad el enfrentamiento entre *Vimanas*, vehículos voladores manipulados por los dioses Bhima, Indra o Gurkha; objetos que se elevaban sobre rayos de luz tan brillantes como el sol, emitiendo sonidos similares a los del trueno; y disparando misiles cuyos efectos podrían ser fácilmente comparados con los de una explosión nuclear de nuestros días: Columnas de humo miles de veces más brillantes que el sol elevándose y reduciendo ciudades enteras a ceniza, guerreros afectados por debilidad, caída del cabello y uñas, síntomas evidentes de exposición a radiación.

Sobrevivientes de guerras estelares, exploradores, exiliados y prisioneros de los más variados confines del cosmos, fueron los elementos de esta mezcla de genéticas alienígenas con la humana. De allí surgirían razas de gigantes de las que los mitos del pasado dejarían referencias, como es el caso del héroe Gilgamesh, gigante híbrido dos terceras partes dios y una tercera parte hombre, según tablillas de la antigua civilización sumeria.

La Biblia también menciona gigantes híbridos, producto de la mezcla ilícita entre los hijos de Dios y las hijas de los hombres, razas conocidas como Nefilím (Génesis 5:4), cuyos últimos descendientes habrían sido combatidos y derrotados por en Rey David y sus familiares:

"Y aun de nuevo surgió guerra en Gat, cuando sucedió que hubo un hombre de tamaño extraordinario, con seis dedos en cada una de las manos y seis dedos en cada uno de los pies, veinticuatro en número; y el también les había nacido a los refaím. Y siguió desafiando con escarnio a Israel. Por fin Jonatán hijo de Simeí hermano de David lo derribó" (Samuel 21: 20-21)

La aparición del factor RH negativo en nuestra sangre, que la ciencia ya reconoce como distinto de nuestro proceso evolutivo[1], sería clara evidencia de esta hibridación, así como la llegada de nuevas especies animales y vegetales que se adaptarían bien a nuestro medio pasando a formar parte de la flora y fauna terrestres.

---

[1] Otto O. Binder & Max H. Flindt: "Mankind, Child of the Stars". 1999, Fawcett Publisher.

Grafico 3-A: *Grabado de Samuel Coccius. Basilea, 7 de Agosto de 1566. Cientos fueron testigos del enfrentamiento entre esferas voladoras negras y rojas que combatieron en el aire por largas horas.*

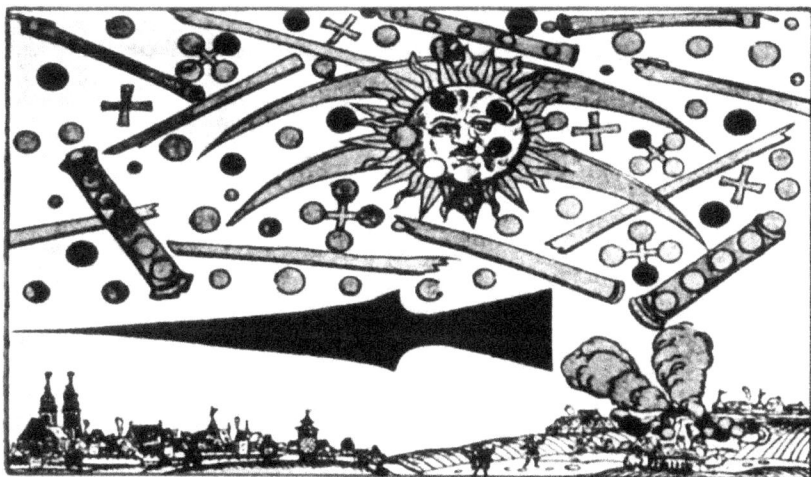

Gráfico 3-B: *Nuremberg, Abril 14 de 1561. Miles de personas observaron al amanecer el enfrentamiento entre esferas rojas y negras que salían de objetos alargados como cilindros, algunas con forma de plato y otras como cruces.*

Nuestro planeta pasaría de esta manera a ser, aunque a pequeña escala, un modelo de la diversidad de formas de vida existentes en el universo.

CAPÍTULO VI

HERCOLUBUS Y LOS COMERCIANTES DEL TERROR

"... En el año 1999 y siete meses, un Gran Rey del Terror vendrá del cielo..."

Michel Nostradamus "Las Centurias" (Cuarteta X, Q72)

"Cuando las personas pierden su sentido de reverencia, vuelven su mirada a la religión. Cuando ya no confían en si mismas, comienzan a depender de la autoridad"

Lao Tzu, "Tao Te Ching"

¿**N**o está acaso la creencia en la destrucción global o el final de los tiempos firmemente enraizada en nuestra idea de la justicia divina? Hasta el cansancio nos ha tocado observar como una y otra vez las iglesias y ciertos grupos esotéricos, aprovechándose de la ingenuidad de la gente venden la salvación (como si esto fuese posible) sirviéndose para ello de la siembra indiscriminada del terror.

¿Cuantos de nosotros no hemos oído la prédica de aquellos que creyéndose movidos por una dudosa voluntad divina se lanzan a las calles y aún golpean puerta por puerta para comunicar lo que creen es una doctrina de verdad? Muchos de estos, gente sincera a la que se vendió la idea de un infierno en el que los pecadores serían torturados por las eternidades;

pobres almas que viven negándose los mínimos placeres de la vida, vagando como fantasmas en pena, desde cuyos labios solo se pronuncian lamentos, preocupación por el destino final propio y desprecio por aquellos que han escogido no compartir la misma fe.

Realmente cuan poco conocen a Dios si es que llegan a creer semejante prédica; pero no nos detengamos acá y hagamos sentido de todo lo dicho de modo que aún los más inocentes puedan entendernos.

Si hablamos de unos ideales de verdad, justicia y amor universal como fundamentos de la religión, tenemos que estar dispuestos a aceptar que estos tienen que haber llegado a toda la humanidad y no solo a un pequeño segmento de la población mundial. Observemos como ejemplo la presencia Crística en nuestro mundo; si Jesús (Joshua Ben Joseph; Jesús el Hijo de José) regresara con su cuerpo glorificado a la Tierra, toda la Humanidad reconocería que ha cumplido su promesa; y sin embargo cada población tendría diferentes nombres para él: Aquellos que aun cultivan las antiguas tradiciones de Los Mayas dirían que es Kukulcán que ha vuelto, los Incas reconocerían a Wiracocha y los Aztecas a Quetzalcoatl (todos ellos confundieron en su momento el regreso del Dios blanco barbado con la llegada del conquistador español); los Judíos dirían que es el Mesías esperado, los Iraníes afirmarían que es el Shaoshant y los Budistas probablemente identificarían al Buda Maitreya (El Iluminado de Compasión).

Vemos aquí entonces como la humanidad más allá de las formas exteriores que pueden variar, se ha unido en la creencia de fondo que habla de un Mensajero de Amor que regresa.

Pero, ¿Qué ocurre ahora si observamos por ejemplo el tema del Infierno? Nos percataremos entonces de que cada sociedad tiene una manera distinta y cultural de describir el castigo: Para los cristianos es el océano de fuego en el que las almas se queman por las eternidades, para los chinos un sitio de tortura, y para los esquimales en cambio un lugar de hielo.

¿Cómo es que hay un lugar común cuando hablamos de Salvación y sin embargo marcadas diferencias cuando hablamos de Condenación? ¿Será tal vez que el castigo no existe como lo concebimos? ¿Será acaso que el llamado Infierno es una idea creada por el hombre?

Entonces volvemos al punto de que tan real es el Infierno, siendo que la máxima autoridad de la religión cristiana, el Papa Juan Pablo II, ha afirmado públicamente que el Seol (el foso o lago de fuego, lugar de tinieblas) mencionado en *La Biblia*, no sería un lugar, sino más bien la condición espiritual o el estado de conciencia de aquel que ha rechazado la misericordia divina[1]; por lo que los párrafos bíblicos relativos al Infierno se refieren a un símbolo que carece de una existencia concreta.

Si el Infierno depende de como se le conciba en cada grupo humano, ¿Quiere esto decir que cada pecador va al infierno y la condenación que le han sido asignados culturalmente? ¿Será posible que Dios haya preparado un castigo distinto para cada sociedad que puebla el planeta Tierra?

Si tratamos de responder a esto desde la diversidad de cada cultura nos encontraremos en un mar de interpretaciones sin sentido que muy probablemente terminará por confundirnos aun más; si por el contrario optamos por responder a esta interrogante desde aquellos ideales que todas las sociedades tenemos en común: Amor, Compasión, Paz, Verdad y Justicia; inevitablemente llegaremos a un solo resultado al que llamaremos: Dios, Divinidad, Gran Espíritu, Nirvana, etc.; reconociendo que es nuestro origen y que su sola presencia niega toda posible condenación.

Si vemos en esa esencia purísima la paternidad de esta humanidad y la suma de todas las perfecciones, ¿Cómo podemos siquiera imaginar que ese Creador, modelo de todos los padres amorosos de este plano, sea un rencoroso castigador, un verdugo frustrado de sus propias creaciones? ¿Cómo podemos complicar semejante pureza con interpretaciones tan sin sentido? Nosotros mismos, reconociendo nuestras imperfecciones no somos capaces de castigar a nuestros hijos por periodos largos de tiempo

---

[1] Juan Pablo II, "El Infierno como rechazo definitivo de Dios". Catequesis del Miércoles 28 de Julio de 1999.

pues los amamos y vemos en ellos el mismo deseo de vivir en felicidad y armonía que a todos nos anima. Si nosotros, que nos sentimos tan limitados en nuestra percepción y manera de expresar el amor nos llenamos de compasión al pensar en gente condenada a sufrir eternamente, ¿Cuanto más amor y compasión sentirá por la humanidad aquel que es su modelo original? ¿Realmente piensan que el Amor más puro e infinito nos condenaría a sufrir eternamente? Si han llegado a creer esto es porque no conocen a Dios y más bien se han creado uno a la medida de sus propios temores e inseguridades.

¿Cuantas veces no hemos oído al predicador instigando al arrepentimiento bajo la amenaza de condenación eterna? ¿Creen ustedes que si una persona se acerca a esa creencia lo hace por Amor? ¡De ninguna manera! Es solo el miedo lo que mueve al pobre incauto a tomar la decisión de pertenecer a la supuesta iglesia salvadora o grupo de estudios esotéricos que, lejos de compartir el mensaje de amor que Cristo y otros iluminados nos entregaron en el pasado, lo que hacen es a través de un culto al "Dios Terror" vender las membresías de la propia condenación en la Tierra. Porque una vez reclutados para la causa se convierten en una pieza más dentro del ajedrez del sistema, pasando a ser los vendedores del material e ideas de una iglesia, escuela o asociación pseudo-espiritual. Y como cualquier alcohólico o adicto a las drogas, el adicto a la ideología o dogma religioso imagina haber descubierto en la promesa de un cielo o paraíso futuro la panacea que un día aliviará todos sus males, dolores morales e infelicidad; y caerá tantas veces víctima del espanto que tarde o temprano empezará a predicar ese mismo evangelio de desesperación que a él le fue vendido. Concentrará toda la energía de su vida truncada en reclutar a más gente, invitando a diestra y siniestra a unirse a "los justos" y "la única verdad" y condenando a todo aquel que por precaución o cordura se niegue a participar de esa fiesta del terror.

Es de sobra conocido que los cultos e iglesias usan el proselitismo como su caballo de batalla, y en esta guerra que comercializa la salvación los únicos beneficiarios son las arcas de esos grupos que se hacen llamar espirituales y que en realidad se dedican a lucrar con la ingenuidad de sus fieles, distorsionando las escrituras sagradas de diferentes fuentes para justificar sus no muy santos intereses.

Cristo, el Buda y otros sabios y filósofos enseñaron la mayor parte del tiempo al aire libre, rodeados de gente de la más diversa procedencia, muchas veces acompañados de prostitutas, leprosos, ladrones y otras supuestas lacras sociales; y digo supuestas porque estas etiquetas que ponemos a la gente nos dejan sentir a veces la falsa ilusión de nuestra superioridad espiritual, cuando la realidad es bastante distinta de lo que creemos y damos por sentado.

¿Acaso al definir a una persona como prostituta, ladrón o cualquier otro término, estamos mentalmente decretando que siempre vivirá en esas condiciones? ¿Realmente podemos concebir el Universo y las personalidades de estos seres como una cosa que no cambia? Ahora más que nunca deberíamos estar convencidos de que en el Universo nada es constante sino que todo está en proceso de transformación: el día en noche, lo nuevo en viejo, lo degenerado en virtuoso, el orden en desorden y viceversa; y que lo único constante en esta creación es el cambio.

Todo está transformándose segundo a segundo; de hecho el que lee estas líneas no es el mismo que empezara a leer este libro; en los minutos y las horas nuestro cuerpo físico ha eliminado células muertas y material de desecho a través de la respiración, varios de nuestros tejidos están renovándose, y para los que aún tienen dudas, déjenme decirles que la ciencia reconoce que cada 7 años tenemos un nuevo esqueleto. Esto quiere decir que aún las células óseas de nuestros huesos son cambiadas en periodos regulares.

Y si nuestro cuerpo es transformado de manera constante, ¿Será posible entonces que a nivel psíquico también puedan operarse estos cambios?

Por supuesto que es posible, lo que debería indicarnos que la prostituta y el ladrón solo lo serán mientras se mantenga un patrón de pensamiento equivocado, tanto de nuestra sociedad hacia ellos etiquetándolos y juzgándolos, como de ellos hacia sí mismos, sometiéndose por ignorancia a cumplir un rol que los denigra frente a la colectividad.

Sin salirnos demasiado del tema vamos a preguntarnos: ¿Por qué una persona puede llegar a sufrir un problema crónico de salud siendo que la maquina maravillosa que es nuestro cuerpo tiene esta increíble capacidad de regeneración? La respuesta radica en la actitud mental; nuestros pensamientos son el detonante de aquello que se manifestará en nuestro vehículo físico y personalidad. El enfermo continuará siéndolo mientras su actitud mental sea la de un convaleciente, así como el ladrón continuará robando hasta que no considere que su comportamiento antisocial lo conduce directo a la sanción y el castigo humanos.

A lo que voy es que nuestros juicios sobre estas personas no contribuyen más que a encasillarlos en el rol en que son reconocidos, impidiéndoles con nuestra actitud mental negativa la regeneración y negándoles así la posibilidad de evolucionar.

Y ahora, hablando en términos más generales debo decirles que todos sin excepción estamos constantemente formándonos estos juicios, acusando a unos y otros de mal carácter, ignorancia, suciedad, celos y las más diversas faltas; que no son al final más que la expresión de nuestra propia intolerancia y falta de amor para con el hermano.

¿Por qué estos sabios de oriente y occidente se mantuvieron predicando entre la gente común sin pretender jamás dirigirse solo a una élite espiritual? Pues básicamente porque reconocieron que en todo ser humano, sea cual fuere su condición social o económica, se hallaba una chispa de la Divinidad y nadie debería ser dejado de lado a la hora de compartir un mensaje de esperanza.

Si reconocemos entonces que todo ser humano es digno de recibir un mensaje positivo, ¿Entonces donde quedan esas doctrinas del terror que constantemente señalan separando a justos de pecadores, candidatos al cielo o al infierno? ¿Quién es lo suficientemente limpio como para hacer esa selección? ¿Quien de ustedes: hombres, religiones o escuelas místicas, está tan libre de pecado como para arrojar la primera piedra? ¿Cómo se atreven a imaginar siquiera la condenación de sus propios hermanos?

Déjenme decirles que no hay más condenación e infierno que el de aquella mente llena de pre-juicios y poblada por legiones imaginarias de prostitutas, enfermos y ladrones a los que se condena una y otra vez, tornando la propia vida en un caos de intolerancia y desamor.

No pretendamos entonces ser jueces y poseedores de la verdad única siendo que no nos corresponde. Nadie posee la Verdad, y deberíamos empezar a ejercitar la humildad para alcanzar el reconocimiento de que somos tan solo una parte de ella y que en realidad es esta Verdad viva la que nos posee. No podemos expresarla en palabras, pero si afirmarla con nuestras acciones; no podemos aferrarla con nuestras manos pero si permitirle que acaricie y construya a través de estas.

¿Cómo puede ser entonces que supuestos avatares, pseudo-iluminados y autodenominados "Venerables Maestros", vengan a nosotros asegurando explícitamente ser los portadores de la Verdad? Y ¿Cómo es posible que con tamaña desfachatez afirmen en sus evangelios del terror el desastroso final de nuestro mundo, sumergido en un mar de fuego, impactado por un meteoro de trayectoria errática o destruido por la cercanía del tristemente celebre Planeta X o Hercólubus?

¿Será tal vez que estos individuos con ínfulas de realeza espiritual y pomposos títulos casi nobiliarios, enfermos de intolerancia no ven otro escape a su propio dolor que el de imaginar al planeta y su humanidad condenadas a un desastre de enormes proporciones?

Quizá unas condiciones de vida difíciles durante la niñez los marcaron con ese profundo resentimiento que ahora expresan en rabiosas imágenes de destrucción, apoyadas muchas de ellas en la equivocada y temeraria interpretación de escritos sagrados y libros de profecías.

Sin embargo, no estamos aquí para juzgar a estos hermanos, puesto que nosotros mismos en algún momento caímos en el juego de la desesperanza;

sino más bien para comunicar a aquellos que se han sentido seducidos por esa prédica del terror que el mundo no se terminará bajo ninguna circunstancia de la manera como estos modernos apóstoles del miedo se han encargado de diseminar, bautizando con espantosos nombres a los monstruos de su atribulada imaginación y hasta dando fechas exactas para el inicio de los cataclismos que acabarían con esta humanidad.

Y como dicen las escrituras: *"...del día y la hora nadie sabe..."* (*Mateo 24:36*), así que ¿Por qué mejor no sembramos paz, amor y compasión en este instante de modo que llegado el momento paradójico del cumplimiento de una profecía, descubramos que el día y la hora señalados nos traen salvación y esperanza, y no el desastroso final pronosticado?

Se que algunos pensaran -aferrándose aún a sus creencias- que el desastre es de cualquier manera inevitable, o que no tenemos la suficiente autoridad para hablar de estos temas, sobretodo si se nos compara con esos pseudo-venerables maestros, sabios o avatares; y sin embargo no estamos tratando aquí de imponerles una nueva creencia sino de devolverles la esperanza original con que fuimos creados; reconociendo la salvación que nadie puede vendernos y que nos pertenece por el derecho de ser Creación Divina. Cada ser humano y criatura es el templo viviente de Dios, somos el altar de la Divinidad que no se condena a sí misma, y tenemos que estar claros en la idea de que en el final no seremos abandonados.

Jamás olviden que poseen la capacidad de discernimiento y que nadie podrá confundirlos si se sirven de ella regularmente.

Mencionaré por poner un ejemplo, al líder de un movimiento esotérico que afirma haber mantenido cierto nivel de contacto con otras civilizaciones: V.M. Rabolú, quien escribiera un libro de profecías que habla sobre la inminente destrucción planetaria[1]; en ese volumen el "Venerable Maestro" afirma conocer la vida en Venus y Marte debido a sus desdoblamientos astrales, experiencia que la mayoría de lectores no ha tenido oportunidad de verificar de primera mano; y afirma este pseudo profeta que sus

---

[1] V.M. Rabolú, "Hercolubus, El Planeta Rojo".

percepciones astrales son perfectas y su interpretación del final de los tiempos digna de ser tomada en cuenta.

Si bien respetamos la autoría de semejantes ideas, no las compartimos en absoluto y menos ahora que de primera mano hemos podido experimentar la comunicación con seres de Venus, Marte y otras bases en nuestro sistema solar. Y lo importante de esta experiencia de contacto es que es colectiva, aquí no hay maestros a los que seguir, sino que cada cual en la medida de su preparación puede acceder a la información que necesita para luego compartirla al grupo y a la colectividad toda.

Rabolú afirma -sin que ninguno de sus discípulos pueda cuestionarlo-, que en Venus se vive en paz y armonía absolutas, y sin embargo, ¡Los habitantes usan cinturones que impiden que las balas puedan herirlos! Habría que preguntarse entonces: ¿Quién tiene armas de fuego en Venus como para que exista la necesidad de semejante protección? También asegura que en Marte se visten con armaduras; ¿Será posible que aquello que este "venerable" observó con sus "finos sentidos astrales" sea en realidad una proyección de su propia mente? Recordemos que cuando se viaja al astral uno se lleva no solo el nivel consciente sino también el sub-conciente, y que si no mantenemos el estado de alerta adecuado, fácilmente perderemos el hilo de lo que estamos observando en el otro plano, proyectando allí nuestros propios deseos, temores y expectativas.

Marte es en la mitología griega el Dios de la Guerra, lo que quizá sembró en la mente de este presunto maestro la idea de un ejército vestido de armadura. Que en Marte se libraron batallas en un pasado remoto es cierto, pero que su población viva hasta la actualidad soportando el peso de una armadura como su atuendo habitual es un absurdo. Y si se pretendiera decir que visten de esta manera por las condiciones atmosféricas, podemos afirmar que estos seres poseen la tecnología suficiente para acondicionar su medio ambiente, como lo han hecho bajo los cielos cubiertos de nubes de Venus, los subterráneos de Marte o la superficie de Ganímedes (una de las lunas de Júpiter) que han acondicionado para la vida animal, vegetal y humana, creando una atmósfera artificial bajo las densas nubes de metano de este satélite.

De hablar sin conocimiento de la vida en otros planetas a profetizar erradamente sobre el final de los tiempos hay solo un paso, y los autores de esta teoría sobre Hercólubus afirman una y otra vez que la ciencia conoce de sobra la cercanía de este planeta asesino, noticia que no se habría hecho pública para evitar -según dicen- el caos y la psicosis colectiva; sin embargo ni en una sola oportunidad hacen la cita o referencia científica adecuada; a no ser que se refieran al cuerpo estelar que identifican como *Barnard* y cuyo descubrimiento atribuyen a los chinos. ¿Qué no sería lo lógico que si los chinos hubiesen descubierto el Hercólubus lo hubiesen bautizado con un nombre chino y no con uno occidental? Barnard es el nombre de una estrella a más de 6 años luz de la Tierra, y a la fecha no se ha descubierto que existan planetas orbitándola; de lo que sabemos, no hay ninguna afirmación científica conocida que los respalde.

La estrella mencionada fue descubierta el año 1916 por el astrónomo Edward Emerson Barnard, y observada desde la Tierra tendría el movimiento más rápido conocido en su travesía por el espacio interestelar; de hecho se estaría acercando a nuestro sol muy rápidamente (140 kilómetros por segundo), y en su aproximación máxima (dentro de varios miles de años) llegará a estar a tan solo 3.8 años luz de distancia; lo que ni remotamente significaría que pudiésemos llegar a ser afectados por su campo gravitatorio.

Sin embargo, entendemos que fue la acelerada velocidad con que esta estrella se acerca a nuestro sol lo que en algún momento pudo poner en alerta a cierto sector desinformado de la opinión pública, a quienes muy probablemente llegó la noticia a través del sucio filtro de los cultos catastrofistas.

Empezando por la gráfica expuesta por los seguidores de Rabolú, de la supuesta trayectoria de ese mundo acercándose a nuestro sistema solar; las órbitas más parecieran describir el giro de unos electrones en torno a su núcleo que las órbitas de unos planetas en torno al sol. Está de sobra verificado que los planetas se mueven en torno a su estrella girando sobre el llamado plano de la eclíptica y no a la manera de unos electrones dentro del átomo. Tratar de equiparar el movimiento de los electrones al de los planetas es una forma simplista y equivocada de comparar el micro y macro cosmos (Gráfico 4).

Por otro lado si ese mundo de pesadilla fuese seis veces más grande que Júpiter como se alega, la fuerza de gravedad que generaría sería tan intensa que haría bastante difícil la existencia de seres como nosotros en su superficie; sin embargo, Rabolú asegura que los científicos de la Tierra planean bombardear Hercólubus para desviar su trayectoria, pero que no conseguirán hacerlo debido a que la población guerrera de ese mundo respondería de inmediato con misiles similares, provocando aun mayor destrucción en nuestro planeta.

Luego de haber leído el material de esa escuela esotérica puedo asegurar que la prédica de Rabolú es tan solo una pésima y distorsionada clonación del estilo, contenido y fondo del discurso de su antecesor Samael Aun Peor, quien a su vez tomara la información sobre Hercólubus[1] de una entidad canalizada por espiritistas del Brasil en los 50's.

Como dijimos antes, dejando la era oscurantista de Piscis y llegando la de Acuario, el conocimiento antiguo se libera, la información fluye a raudales desde las más diversas fuentes, pero así como ilumina con intensidad las conciencias, también ciega y confunde a muchos; y este sería el caso de algunos escritores que tratando de dar un mensaje a través de una historia ficticia terminaron por mezclar verdades a medias con falsedades, sembrando aún mayor confusión.

Uno de estos populares autores de Nueva Era que usaba el pseudónimo de Yosip Ibrahim, describía en sus libros una supuesta visita a Ganímedes, satélite de Júpiter al que un amigo suyo de sobre-nombre *Pepe*, habría sido invitado a viajar con toda la familia. No está de más comentar que este escritor era un asiduo participante de diferentes escuelas y grupos esotéricos, y que justo en los inicios de la experiencia de contacto, en los

---

[1] Hercólubus: Nombre acuñado por "Ramatis", entidad canalizada por varios médiums del Brasil, y que en el libro *Mensajes del Astral* (1950), describe un gigantesco planeta cuya trayectoria amenazaría la tierra cada 6,666 años.

primeros años de la década del 70, se acercó como observador, empapándose de información referente al satélite joviano y las colonias extraterrestres provenientes de Orión. Poco después Ibrahim publicaría los libros: *"Yo Visite Ganímedes"* y *"Mi Preparación Para Ganímedes"*, en los que 'Pepe' era el principal protagonista de la historia de contacto, mezclando muy lamentablemente información válida con otra que habría obtenido de agrupaciones esotéricas.

Ejemplo de esto sería la nefasta mención al Hercólubus (Tomada muy probablemente del Movimiento Gnóstico que por aquella época era una escuela floreciente en Perú) que pasó a reforzar la creencia en un final cataclísmico, siendo que en realidad estos libros eran solo novelas de ficción.

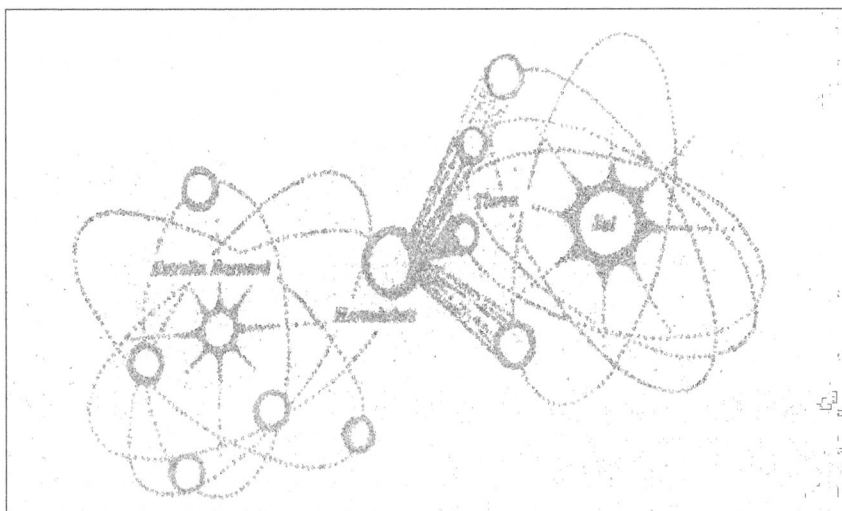

Gráfico 4-A: *Dibujo errado que pretende equiparar las orbitas planetarias a las de un átomo. (Interpretación del Movimiento Gnóstico respecto de la influencia de Hercólubus sobre nuestro sistema solar.*

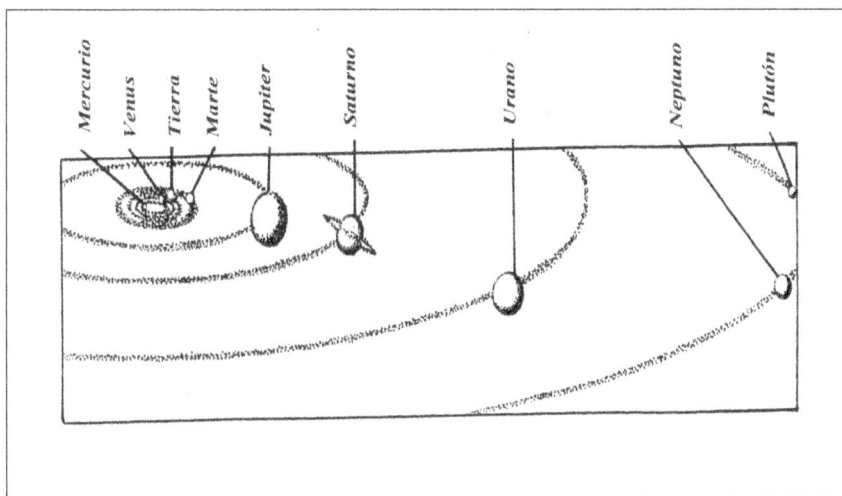

Grafico 4-B: *Representación correcta del giro de los planetas, describiendo elipses alrededor del sol sobre el llamado Plano de la Eclíptica.*

CAPÍTULO VII

ASTEROIDES: UNA AMENAZA REAL

"(Sobre la explosión en Tunguska en 1908) Ya no es mas una cuestión de creencia; nosotros sabemos que la causo. Fue un meteoro, pero un meteoro que fue destruido por (...) un misil. El misil fue generado en una Instalación material. Nosotros no sabemos quienes la construyeron, pero fue levantada hace mucho tiempo atrás y situada en la Siberia, varios cientos de kilómetros al norte de Tunguska; la última vez que esta Instalación derribó un meteoro fue el 24/25 de Septiembre del año que paso (2002) (...) Esto nos ha llevado a creer que tenemos amigos que cuidan de nosotros silenciosamente. Ellos no permitieron en ese entonces, y no permitirán ahora, a ningún planeta, cometa o asteroide, impactar y destruir la Tierra. Esto es para nosotros ahora absolutamente claro"

Testimonio de Valery Uvarov, de la Academia de Seguridad Nacional Rusa, en entrevista conducida por Graham W. Birdsall, Editor de la Revista UFO, durante el 12do Congreso Internacional OVNI, celebrado en Nevada, USA.

La comunidad científica está de acuerdo en que fue un gigantesco asteroide lo que provocara la extinción de los dinosaurios hace más de 65 millones de años. Tal cataclismo debe haber sido ocasionado por un cuerpo masivo de 15 kilómetros o más de extensión, pero, para nuestro alivio, la ciencia ha calculado que este tipo de impacto se da aproximadamente una vez cada 100 millones de años, por lo que la ley de probabilidades trabaja todavía a nuestro favor alejándonos de un evento como este por varios millones de años.

Más preocupantes son esos objetos 6/10 de milla o más de diámetro que impactan el planeta cada 500,000 a 10 millones de años, lo que sin lugar a dudas puede afectar el clima global, desatando tsunamis y aniquilando millones de formas de vida. Se dice que en la misma orbita terrestre hay al menos 16 asteroides de 240 Km o más de extensión; solo imaginen si uno de 15 Km pudo acabar con los dinosaurios, ¿Qué ocurriría si un asteroide de 240 Km se acercara en ruta de colisión?

Las posibilidades de que uno de estos cuerpos nos impacte son pequeñas, y sin embargo no dejan de ser una amenaza real; de hecho en 1996 un asteroide de un diámetro aproximado a la tercera parte de una milla pasó a 280,000 millas de la Tierra siendo detectado cuatro días después de su aproximación máxima, lo que por cierto no nos deja mucha esperanza en el caso de que realmente se hubiese acercado en ruta de colisión.

En Julio del 2002, Lincoln Near Earth Asteroid Research (LINEAR), un proyecto fundado por la Fuerza Aérea de los Estados Unidos en colaboración con la NASA, detectó un asteroide de más de 300 pies de ancho, al que denominaron: *2002MN*; y que pasara a escasas 75,000 millas de la Tierra, menos de la tercera parte de la distancia que nos separa de la luna; este ha sido el más cercano objeto del que hubiésemos tenido noticia, y de haber sido arrastrado por la gravitación terrestre hubiera liberado tanta energía en el impacto con nuestra atmósfera que el daño hubiese sido equivalente al ocasionado por la explosión de una poderosa bomba de hidrógeno.

Pero, ¿Qué evidencia existe en nuestro mundo de la caída de estos cuerpos masivos?

Muy probablemente el Golfo de México sea la zona de impacto para el asteroide que acabó con los dinosaurios, incinerando el 75 % de todas las formas de vida del planeta, lo que la ciencia llama hoy *un asesino global*. Un cráter del desierto de Arizona, con mas de ¾ de milla de diámetro sería un impacto más reciente con alrededor de 49,000 años. Más cercano aún está el meteoro que asolara la Siberia en 1908, arrasando con más de mil millas cuadradas de foresta y vida salvaje. Se dice que no se encontró un cráter de este último impacto debido a que por el ángulo de penetración el asteroide podría haber rebotado contra la superficie del planeta siendo de inmediato repelido al espacio exterior y generando una fuerza destructiva igual a 600 veces la bomba atómica que estallara en Hiroshima.

Los estudiosos del tema afirman que si se descubriese un asteroide en ruta de colisión con la Tierra cinco años antes del pronóstico de impacto, este tiempo no sería suficiente para poder hacer algo al respecto. Asumiendo que descubriésemos el asteroide con bastante más anticipación, los recursos con los que contamos en la actualidad serían de cualquier manera escasos.

Enviar una cabeza nuclear podría destruir el asteroide o hasta desviarlo de su ruta; pero, también podría ocurrir que sin alterar su dirección se partiese en varios trozos ocasionando aun más daño global del que hubiese causado en una sola pieza, también se dice que nadie puede asegurar con certeza cuales serían las consecuencias de hacer detonar una carga atómica de esa magnitud en las proximidades de nuestro planeta. La radiación generada en el espacio podría afectarnos por décadas o hasta barrer la atmósfera en cuestión de minutos de modo que la cura podría resultar peor que la enfermedad.

Pero pensar en armas de destrucción masiva para combatir estas lluvias cósmicas es aún una alternativa remota de solución mientras los telescopios de la Tierra estén barriendo únicamente un 3 % del firmamento. Se requieren muchos más recursos técnicos para garantizar la seguridad en nuestro mundo.

Recordemos cuando en 1994 la humanidad observó estupefacta como Júpiter, el planeta gigante de nuestro sistema solar era bombardeado por los fragmentos del cometa Shumaker Levi 9. ¡Para nuestra preocupación las fotografías del evento mostraban sobre la superficie joviana gigantescas explosiones que alcanzaban el diámetro de nuestra Tierra!

De hecho, las primeras observaciones que se hicieran de este cometa, apuntaban a que había ingresado al sistema solar orientándose en franca ruta de colisión con nuestro mundo, siendo que sospechosamente en los meses subsiguientes cambio de dirección hacia Júpiter, fragmentándose en más de 22 pedazos que terminarían impactando al coloso de nuestro sistema.

Algunos científicos especularon que de haber sido el ángulo de penetración solo cinco grados más cerca al núcleo de Júpiter, esto hubiese provocado que el planeta gigante se encendiese como un segundo sol, pasando nuestro sistema a convertirse en uno binario (sistema de dos soles) y en consecuencia acabando con la vida como la conocemos.

Un dato interesante acerca del Shumaker Levi 9 aparecería en un numero de la prestigiosa revista española *"Año Cero"*, en la que se afirmaba que astrónomos del observatorio en el Vaticano, habrían sido testigos de la aparición de un grupo de objetos luminosos que escoltaron los fragmentos del cometa hasta su incrustación en Júpiter. ¿Será tal vez que estos objetos voladores no identificados serían los responsables del cambio de dirección del cometa y su posterior fragmentación?

Quizá el impacto de este increíble acontecimiento lo veríamos pocos años después, cuando Monseñor Corrado Balducci, Teólogo del Vaticano y amigo cercano del Papa Juan Pablo II, sorprendiera a la opinión pública internacional presentándose en más de seis ocasiones en televisión italiana (RAI) para afirmar que el contacto con extraterrestres es un fenómeno real. El prelado aseguró que el Vaticano estaría recibiendo información relativa a extraterrestres y la experiencia de contacto con seres humanos desde sus varias embajadas en diferentes lugares del planeta; e hizo especial énfasis en que estos encuentros ni son demoníacos, ni consecuencia de problemas psicológicos, y menos debidos al fenómeno de posesión como algunos grupos religiosos han asegurado.

Siendo que Monseñor Balducci es un experto exorcista del Vaticano y que la Iglesia Católica ha condenado a lo largo de la historia muchos fenómenos pobremente comprendidos, su posición de no-censura a estos encuentros cercanos es por demás meritoria.

Pero, volviendo ahora los ojos a la posición científica más radical, diremos que en el Internet circuló por largo tiempo cierta información que nadie realmente pudo confirmar pero qué por el estilo y datos expuestos aparentaba ser de una absoluta validez científica:

"... el suscrito ha incluido los cálculos, ilustraciones, posiciones siderales, que también los calculó, y los dio a conocer el 11 de junio de 1940, de la lenta penetración al sistema solar, de una nueva y brillante masa cósmica que se aproxima a La Tierra, de un gigantesco "cometa-planeta" (que tiene órbita elíptica como cometa y de gran masa como planeta), de altas vibraciones, pesado, gran campo electromagnético como tres veces al que tiene el planeta Júpiter, alta velocidad, viene vertical a la elíptica terrestre y que viaja en sentido "directo" en orbita elíptica en el tiempo de 13333.3 años, 133.3 siglos, entre nuestro Sol y un "Sol Negro" de una estrella lejana moribunda que está a 32 billones de kms...; este gran astro que se está acercando, con velocidad uniformemente acelerada, pronto debe ser localizado cerca del Polo Norte, al norte de la "corona boreal", en toda la "Osa Menor", en las coordenadas siderales ecuatoriales con una ascensión recta igual a 15h.15m. y una declinación igual más 67°20'norte. Y que el jueves 11 de agosto de 1999, D.C., es decir, dentro de 15 años a contar desde 1984, este astro que brillará hasta de día; en esta fecha estará en conjunción: sol-cometa-luna-tierra, a las 11h22m. del tiempo universal. Al mismo tiempo será el día del gran eclipse total del sol rojizo. En esos instantes, este misterioso astro estará en "perigeo" a sólo 10.5 millones de Km. de la tierra. Este astro veloz pasará por dentro de la órbita de la tierra con una velocidad parabólica de 66 Km por segundo, y al mismo tiempo, en esa fecha, su "perihelio" a sólo 139.1 millones de Km del sol. Además el suscrito, también encuentra dentro del campo de las probabilidades, determinando que esta nueva y gigantesca masa cósmica atractiva, puede llegar hasta a "enderezar" el eje de la tierra con grandes perturbaciones gravitacionales y geofísicas y aún, podría hasta influir en el campo atractivo de nuestro satélite la luna. La órbita de la elíptica terrestre quedaría paralela al Ecuador celeste. Los dos polos eliminados, al mismo tiempo, como en los días de los equinoccios de primavera y otoño..."[1]

El anterior documento muestra una creencia casi dogmática en los eventos a los que supuestamente se anticipa, sin embargo -y como fue para todos

---

[1] "Extracto del Informe enviado por el astrónomo chileno, Carlos Muñoz Ferrada a Mr. Brian Marsden (Harvard University) Smithsonian Center, for Astrophisics (Specialist in Comets), Harvard, Boston, Massachussets (USA). 1984.

evidente- el año 1999 transcurrió sin que el eje terrestre cambiara de posición, el sol se viese rojizo durante el anunciado eclipse o el supuesto cometa fuese visible de día y de noche; sin embargo el astrónomo chileno, Carlos Muñoz Ferrada, autor del texto anterior, continúa afirmando la existencia de este "cometa-planeta" que, según dice ahora, tratando de disculpar su radical posición de hace unos años, "es difícil de observar debido a su opacidad pero puede llegar a ser deducido por sus efectos".

Recientemente Muñoz Ferrada, declaró -en un documental difundido en Puerto Rico y que llevara por titulo: *"Hercólubus"*- que este gigantesco mundo estaría creando perturbaciones en nuestro sistema, causando resplandores extraños en Júpiter y Saturno, y arrastrando con su colosal campo electromagnético a cometas y asteroides; planteamiento similar al de John Murray, astrónomo de la Open University, quien habría deducido la existencia de un cuerpo estelar desconocido al observar las perturbaciones en la trayectoria de algunos cometas.

El estudioso John Matese de la Universidad de Lousiana, llegando a conclusiones parecidas, planteó en la teoría que lleva por nombre *"Némesis"*, la existencia de un enorme planeta radioactivo cuya proximidad sería capaz de provocar catastróficas lluvias de asteroides sobre la Tierra. Él parece convencido de que este gigante hasta ahora invisible, quizá una estrella oscura (Enana marrón), posee una orbita no solo contraria a la de los planetas de nuestro sistema, sino que además describiría una elipse fuera del plano de la eclíptica, lo que lo haría prácticamente indetectable.

Desde esta perspectiva el futuro no parece muy prometedor, y menos aún cuando los observatorios del planeta nos bombardean con la noticia de asteroides impactando la Tierra en los próximos años. Según la Academia de Ciencias Rusa, el Toutatis se aproximará a nuestro mundo en el 2004 y el Icaro el 2006; según la NASA, el XF11 lo hará el 2028, y astrónomos ingleses aseguran que el 2027 podríamos recibir el impacto del asteroide denominado AN10. Aclaremos que este sería solo el comienzo de una larga lista de reportes que afirman que algo en verdad digno de nuestra atención está sucediendo en las proximidades del sistema solar.

Mientras esto ocurre, La NASA ha inyectado un presupuesto de $ 280 millones para la Misión *Deep Impact*; sonda cuyo objetivo sería el de filmar y detonar una carga nuclear en el cometa *Temple 1*. La iniciativa fue aprobada no porque el cuerpo estelar se acercase a la Tierra, sino tan solo para determinar los efectos de aplicar en el futuro una iniciativa similar contra asteroides en ruta de colisión con el planeta.

Al más puro estilo de las películas de Hollywood, se espera que el impacto contra el cometa ocurra el 4 de julio del año 2005; ¡día de la Independencia de los Estados Unidos!

Vemos pues que las potencias mundiales empiezan ya a contemplar con solapada preocupación la alternativa de combatir positivamente la amenaza que pudiera venir del espacio; y aunque los esfuerzos resulten aún limitados, el tiempo y la experimentación podrían en un futuro próximo brindar un poco más de seguridad en lo que a estas lluvias de asteroides se refiere.

De lo que sí tenemos certeza en el Grupo de Contacto Rahma es que ya existe tecnología extraterrestre trabajando en la protección de nuestro mundo y su medio ambiente, y que la cuarentena, que como explicábamos en capítulos anteriores habría establecido la Confederación de Mundos, no solo estaría allí para impedir el ingreso de naves extraterrestres no confederadas y de dudosas intenciones, sino también para desviar o destruir de ser necesario cualquier cuerpo de trayectoria errática que se acercase peligrosamente a las inmediaciones de nuestro planeta.

Una prueba reciente de lo que aseguramos sería un impresionante video obtenido en Noviembre 1ro del 2002, por una pareja que manejaba entre las ciudades de Balikesir y Susurluk en Turquía. En este documento fílmico se aprecia con claridad el momento en que un asteroide que ya había atravesado la atmósfera terrestre se parte en infinidad de fragmentos mientras es seguido muy de cerca por un Objeto Volador No Identificado. El evento fue también observado por la tripulación de seis aviones distintos (cuatro de ellos en pleno vuelo), quienes en primera instancia confundieron al OVNI con un vehículo volador terrestre, para luego cambiar de opinión al observar la inusual altitud y desplazamiento del objeto (Gráfico 5).

Los testigos afirman que el OVNI habría destruido al asteroide tan pronto como este ingresó a nuestra atmósfera anulando así su evidente potencial destructivo.

Este caso es considerado uno de los más importantes en la historia de la ufología[1], y fue testificado no solo por los tripulantes de cabina de varias aerolíneas (4 en el aire y 2 en tierra), sino también por muchísimas personas que observaron el incidente desde tierra.

Si esto es lo que podemos captar con nuestras cámaras de video, solo imaginen cuantas cosas más desconoceremos acerca de lo que están haciendo estas civilizaciones del espacio en su constante guardianía y vela por nuestra seguridad.

Más revelador aun es el testimonio que Valery Uvarov, Director del Departamento de Investigación OVNI, Ciencia y Tecnología, de la Academia de Seguridad Nacional Rusa, compartiera con Graham W. Birdsall, Editor de una revista de investigación del fenómeno OVNI en Reino Unido[2].

Uvarov aseguró que Rusia sabía de la existencia de una instalación extraterrestre en la región rusa de Siberia; y que tanto él como sus colegas habían sido testigos de cómo este portento de tecnología alienígena se activa con algunos meses de anticipación, para derribar asteroides en ruta de colisión con nuestro mundo. Así sucedió en 1908 con la famosa explosión de Tunguska, (cuando por cierto ninguna potencia terrestre poseía la tecnología como para librarnos de una situación semejante) y más recientemente en Septiembre del 2002, cuando no solo rusos sino también varias bases americanas observaran un "misil desconocido" derribando un asteroide que se acercaba a la Tierra.

---

[1] Estudio de los UFO's (Unidentified Flying Objects); equivalente en habla inglesa de la sigla en español OVNI (Objeto Volador No Identificado).

[2] "The Installation. An Interview with Valery Uvarov". Nexus Magazine, Vol 10, Number 4.

Grafico 5-A: *OVNI destruyendo un asteroide en los cielos de Turquía*

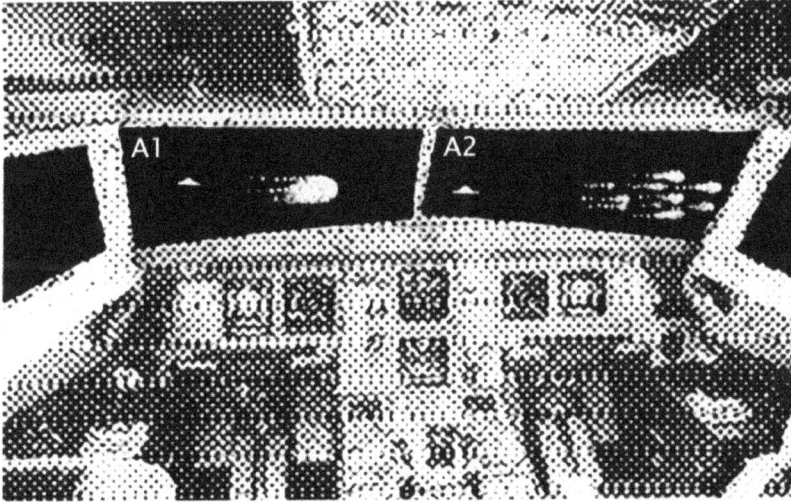

A-1) Vista desde la cabina del piloto: OVNI siguiendo asteroide.
A-2) OVNI pulverizando el asteroide pocos segundos mas tarde.

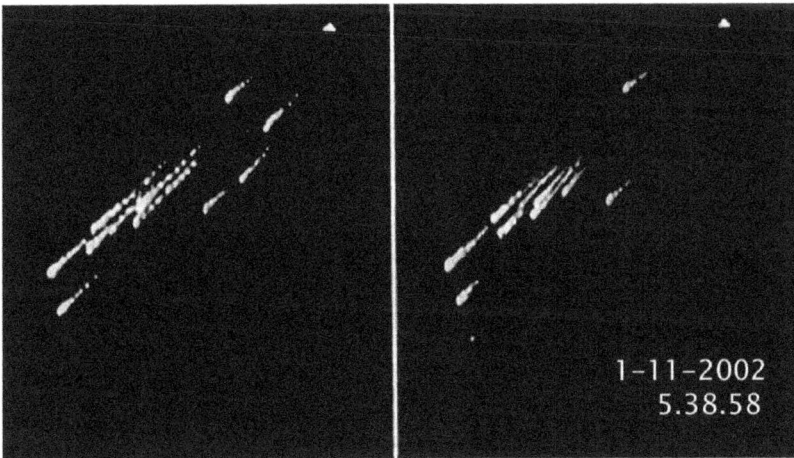

Gráfico 5-B: *Dos cuadros del video filmado desde tierra.*

Según Uvarov, las capacidades de esta Instalación van mucho mas allá, pues parece responder con niveles de radiación elevados a la aparición de conflictos sociales y guerras, como si de alguna manera reconociese en la desarmonia sembrada por las acciones humanas el peligro potencial de atraer hacia la Tierra uno de estos cuerpos celestes de trayectoria errática.

Los rusos saben ahora que este portento dejado por extraterrestres en su territorio, jugaría un papel fundamental en mantener la orbita terrestre estable; aun más, *La Instalación* mantendría un delicado balance entre nuestra orbita y la de otro mundo desconocido (¿Hercólubus?) que giraría en una elipse mucho mayor y en oposición al sol, y temen lo que pudiese significar para nuestra seguridad el llevar los arsenales humanos al espacio como planea los Estados Unidos con la llamada: *"Guerra de las Galaxias"*; pues de llegar a afectarse el funcionamiento de *La Instalación*, esto repercutiría en un desequilibrio de todo el Sistema Solar y la vida como la conocemos.

Uvarov aseguró también que no les quedaba duda de que estábamos siendo protegidos por amigos del espacio que silenciosamente y sin descanso operan como nuestros benefactores; ellos no habrían permitido en el pasado y no permitirán en el futuro que un cometa, un asteroide o un planeta puedan poner en peligro la vida en nuestro hogar sideral.

EL NUEVO TIEMPO

CAPÍTULO VIII

EL AMENAZADOR 12VO PLANETA

"En ese inestable sistema solar, de acuerdo a la milenaria Épica de la Creación, apareció un invasor del espacio exterior – otro planeta; un planeta no nacido dentro de la familia de Apsu (nuestro sol amarillo), sino uno que habría pertenecido a alguna otra familia estelar y que fuera empujado a vagar por el espacio. Milenios antes de que la moderna astronomía supiera de pulsares y estrellas colapsando, la cosmogonía sumeria había ya visto otros sistemas planetarios y estrellas en colapso o explotando, arrojando afuera sus respectivos planetas…"

Zecharia Sitchin, "When Time Began"

Nuevamente una psicosis se extiende en la conciencia colectiva, ahora a través de la supercarretera de la información. Tan temido como el ya citado Hercólubus, similar en características, y quizá más publicitado entre la población de habla inglesa es Nibiru o 12vo planeta, cuerpo estelar del que tenemos noticia por los estudios de un famoso investigador de la cultura Sumeria: Zecharia Sitchin.

Temprano en su carrera como arqueólogo, lingüista e historiador, Sitchin se vio intrigado por ciertos patrones repetitivos que descubrió al observar con profundidad la evidencia dejada por antiguas civilizaciones mesopotámicas respecto de aparentes cambios en el eje terrestre y los consecuentes cataclismos, que desde su percepción habrían sido periódicos.

De su estudio e interpretación de la cultura sumeria, Sitchin dedujo que habíamos sufrido una especie de "amnesia colectiva" respecto de los traumáticos eventos de nuestro pasado, y que estas catástrofes fueron ocasionadas por la proximidad de un enorme planeta rojo que esta antigua civilización habría llamado Nibiru (Marduk entre los babilonios) Allí vivirían seres de apariencia humana (Anunnaki) que en el pasado habrían visitado la Tierra, siendo ellos los que en un tiempo remoto fabricaran genéticamente a la raza humana, con la intención de servirse de nosotros como sus trabajadores y sirvientes. Según la versión del investigador, el 12vo planeta volvería a acercarse con la consecuente visita de estos "amos estelares"; y esta aproximación periódica ocurriría cada 3,600 años.

Los Anunnaki, como los describe Sitchin, tendrían una estatura promedio de 3 metros o más, bien proporcionados y estéticamente bellos, habrían sido reconocidos por la clase real sumeria como Dioses, manejando tecnología capaz de viajes interplanetarios y llegando a la Tierra por primera vez hace más de 450,000 años.

Nibiru sería llamado el 12vo planeta debido a que habría sido "adoptado" por nuestro sistema solar; los antiguos sumerios reconocerían el sol y la luna como planetas por lo que contando los cuerpos estelares de nuestro sistema, harían un total de 12 (Gráfico 6).

La peculiaridad de Nibiru es que siendo parte de nuestro conjunto planetario, estaría en realidad realizando una orbita binaria entre dos soles, uno el amarillo que conocemos y otro sol más lejano y frió de nuestra galaxia.

Según lo interpretado de viejas tablillas y records de la historia sumeria, la ocupación de los Anunnaki habría durado un tiempo similar a 3,600 x 124 años. Siguiendo las pruebas presentadas por Sitchin estos seres habrían tenido una participación directa en los asuntos humanos hasta poco antes de la destrucción de Sumeria en Mesopotamia, unos 2000 A.C.

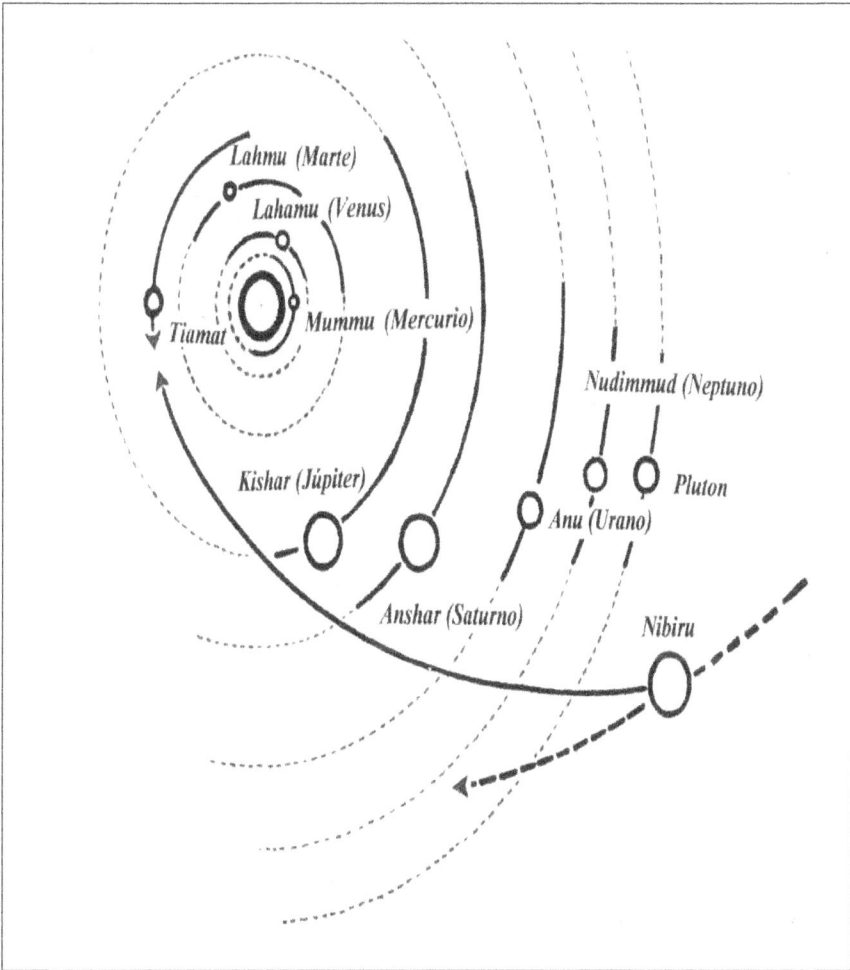

Gráfico 6: *Según la interpretación del investigador de la cultura sumeria, Zecharia Sitchin; Nibiru sería un planeta gigante formado en otro sistema. En algún momento del pasado su gigantesca trayectoria elíptica lo llevó a ingresar a nuestro sistema solar, destruyendo el planeta Tiamat, una de cuyas partes formó la Tierra.*

La última vez que Nibiru se acercara a la Tierra, habría sido durante el Éxodo del Pueblo Hebreo narrado por la Biblia. Afirma Sitchin que, las plagas, cataclismos y el terror generado por la cercanía del 12vo planeta, permitió a los israelitas la oportunidad de escapar de las tropas del Faraón. Oxido de hierro como una neblina rojiza junto con enormes fragmentos viajando en la cola que arrastraba el rápido movimiento de Nibiru, habría llovido sobre la atmósfera terrestre. Acorde a la versión bíblica, al depositarse este polvo en las aguas provocó que los ríos corrieran llevando "sangre". El Éxodo también relata tormentas eléctricas y partículas de polvo pintando de rojo los rostros de los hombres; así mismo cierto residuo de carbón expulsado a la atmósfera y expuesto a reacciones electromagnéticas produjo una sustancia pegajosa rica en carbohidratos, la que al precipitarse a tierra podía ser ingerida como alimento y que los hebreos denominaron: Maná (Éxodo 33:3)

El Internet esta ahora lleno de páginas que hablan del próximo paso del 12vo planeta entre el Sol y la Tierra, se afirmó inclusive que la fecha probable de su cercanía máxima sería Mayo o Junio del 2003, y como vimos nada de esto ocurrió. Según las versiones más catastrofistas, la Tierra, completamente afectada por la influencia gravitacional de Nibiru, detendría su movimiento de rotación por completo durante 3 días; apoyando estas versiones en los famosos 3 días de oscuridad mencionados en supuestas profecías marianas. Podemos hallar referencias relativas a este evento en el Libro: *"Crónicas de la Tierra"* de Zacharias Sitchin.

Nibiru sería 4 veces más grande que la Tierra y 23 veces más denso, y de la misma manera como hubiese afectado nuestro planeta durante el Éxodo, así también, la creciente incidencia de terremotos, tornados, actividad volcánica y el cambiante patrón de climas de hoy, estaría asociado a su inminente aproximación. La desviación del polo magnético así como la mutación de especies animales y otras anomalías, estarían siendo ocasionadas por diversas formas de energía liberadas por la corteza terrestre como consecuencia del campo de atracción del 12vo planeta.

¿Existe acaso evidencia científica de algún planeta con estas características en nuestro sistema solar?

Al parecer si, pero si bien concuerda con unos pocos datos, difícilmente podría encajar en la descripción exacta dada por Sitchin; recientemente se dio la noticia de un mundo más allá de los nueve planetas que conocemos; uno de los más enormes objetos descubiertos desde que Plutón hubiese sido observado por vez primera en 1930, sin embargo este descubrimiento deja abierta la posibilidad de que cuerpos aún mayores que Plutón pudiesen existir allá afuera.

La roca helada recientemente descubierta sería tan solo la mitad de tamaño (1300 Km) de lo que es Plutón, y orbitaría el sol completando un ciclo de giro cada 288 años. A más de 6.5 billones de kilómetros del sol, éste sería dentro de nuestro sistema, el cuerpo más distante fotografiado con un telescopio óptico. Definitivamente las dimensiones de este cuerpo no coinciden con la versión de Sitchin aunque sí con la posible ubicación de Nibiru.

Los astrónomos de Caltech University en el sur de California han bautizado el objeto con el nombre de Quaoar.

De hecho se dice que la primera vez que Quaoar fuera fotografiado durante los 80's, esto ocurrió accidentalmente debido a que un astrónomo de Caltech de nombre Charlie Kowal habría estado buscando el Planeta X (otro nombre para Hercólubus), que muchos sospechaban se hallaba más allá de los límites de nuestro sistema solar; el mencionado astrónomo jamás encontró el Planeta X y ni siquiera reconoció a Quaoar por lo que era...

El nombre de Quaoar en la mitología habla de un héroe venido del Cielo a la Tierra, quien luego de transformar el Caos del Universo en Orden, habría dejado el mundo apoyándose en la espalda de siete gigantes; después de lo cual creó las especies animales y finalmente la humana.

Mas allá de cierta similitud entre este mito y la interpretación de la historia sumeria dada por Sitchin, Quaoar esta bastante lejos de ser el agente de destrucción del que los apocalípticos del Internet hablan, pues debido a la excesiva distancia jamás se intersectará con la orbita de la Tierra; y aún cuando muchos han querido equiparar las historias respecto de Hercólubus con el estudio de Sitchin, el mismo investigador se ha encargado de tirar estas especulaciones por los suelos cuando afirmó en uno de los seminarios que diera en la ciudad de Dallas (Texas), que si bien había anunciado el regreso del 12vo planeta y los Anunnaki, ligado este evento al llamado: *Gran día del Señor*, esto no ocurriría durante la primavera del 2003 como se había estado especulando en algunos círculos, sino más bien 1,600 años en el futuro.

Por otro lado sabemos que la palabra Nibiru se podría traducir como: *"Planeta en transito"*; y es muy probable que la traducción literal que equiparó una inofensiva referencia con un cambio del eje terrestre y destrucción global esté sencillamente equivocada. De hecho muchos estudiosos de la civilización sumeria afirman que varias traducciones hechas por Sitchin caen en la ambigüedad y estarían más bien abiertas a la interpretación.

Como sea, la NASA anunció que en la primavera del 2003 en verdad ocurriría un evento celeste de suma importancia: La más cercana aproximación del planeta Marte a la orbita terrestre que se halla podido verificar en los últimos 60,000 años. Sin embargo, siempre resultara lamentable que los rumores de alarmistas apocalípticos terminen por ensombrecer la rara oportunidad de observar a nuestros vecinos estelares más de cerca. Quizá Marte será en su momento confundido con Nibiru de la misma manera como la secta Heaven's Gate, cuyos integrantes se suicidaran en San Diego el año 1997, interpretó la llegada del cometa Hale Boop ingresando a nuestro sistema como el arribo de una gigantesca nave extraterrestre de oscuros designios.

CAPÍTULO IX

EL PLANETA "X"
Y LOS ZETA RETICULI

"En el fin del tiempo veremos la guerra de los cielos y la venida de la hueste de Miguel. Esto librará a las inteligencias planetarias de la influencia de la Osa Mayor y de la Osa Menor, las influencias negativas que controlan las razas raíz de este planeta Ur"

J.J. Hurtak, "Las Claves de Enoc" (Clave 106:20)

Versiones dispares circulan por el planeta, y mientras algunos hablamos de seres benévolos del espacio cuya única intención sería la de colaborar en el proceso de tránsito a una dimensión más elevada de conciencia, otros en cambio cuentan historias de horror en las que son forzados a ingresar al interior de naves laboratorio en las que se les efectuarían operaciones similares a las que el ser humano hace sobre especies animales inferiores, siendo sometidos a dolorosos exámenes y en algunos casos hasta mutilaciones, retornados muchas veces con la memoria borrada e implantes metálicos o cristalinos insertados en alguna parte del cuerpo.

El sonado caso de Betty y Barney Hill desataría la polémica en septiembre de 1961, cuando esta pareja de ciudadanos americanos, sometidos a hipnosis debido a problemas de ansiedad y recurrentes pesadillas, recordaran haber sido llevados por la fuerza al interior de un OVNI y sometidos a experimentación por un grupo de seres grises de pequeña estatura, cabeza grande sin cabello y enormes ojos en evidente desproporción con el cuerpo. Al preguntar Betty por el origen de estos seres, ellos proyectaron un mapa estelar tridimensional que ella no pudo reconocer, pero que si recordó y dibujó durante el trance hipnótico. No sería sino hasta el año 1966 que Marjorie Smith, una maestra de Ohio aficionada a la astronomía, descubriera luego de hacer un modelo tridimensional de los principales grupos estelares observables, que el mapa graficado por Betty Hill correspondía a la ubicación de la estrella Zeta Reticuli, a 37 años luz de nuestro sistema, en la constelación de Reticulum (Gráfico 7).

En los años posteriores miles de reportes a nivel mundial identificando criaturas similares, hablaban de este fenómeno ya bastante popular en el folklore OVNI de los últimos años. De la inserción de objetos punzantes, quemaduras ocasionadas por intensos haces de luz, hasta la extracción de semen en hombres y óvulos en mujeres jóvenes, tratan la mayoría de estos relatos de pesadilla en los que los seres humanos son usados como ratas de laboratorio, en algunos casos inseminados artificialmente con la finalidad de generar quizá una hibridación entre estos extraterrestres negativos y la raza humana.

Uno de los testimonios más extraños de la visita de extraterrestres estaría relatado en un documento clasificado del gobierno norteamericano titulado: *Majestic 12*. Allí, entre varias conspiraciones en las que altos mandos del gobierno habrían estado implicados, se relata que por iniciativa de Harry Truman se creó en 1950 un comité asesor, formado por altos cargos militares y científicos para investigar los restos de un platillo volador que se estrellara en Roswell (Nuevo México) el año 1947. El documento, que consta de ocho folios y lleva el sello de Top-Secret (Súper-Secreto), fue expuesto a la opinión pública el año 1985, desconcertando a todos y aportando increíbles y verificables datos a los estudiosos que por largos años buscaban una explicación a lo ocurrido en Roswell[1]. Sin embargo, tres años después saldría a la luz otro documento titulado *Matrix*, que

---

[1] Kevin D. Randle, "Case MJ-12, The True Story Behind The Government's UFO Conspiracies".

Gráfico 7-A: *Representación del mapa estelar que le fuera mostrado a Betty Hill por alienígenas, durante la experiencia de abducción vivida en septiembre de 1961.*

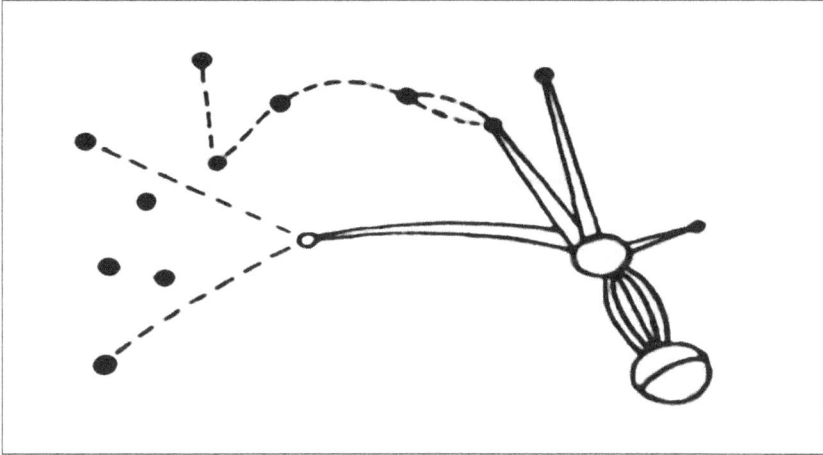

Gráfico 7-B: *Mapa astronómico de la posición de las estrellas Zeta Reticuli 1 y 2, según investigación de la astrónoma Marjorie Smith. Nótese la inquietante similitud.*

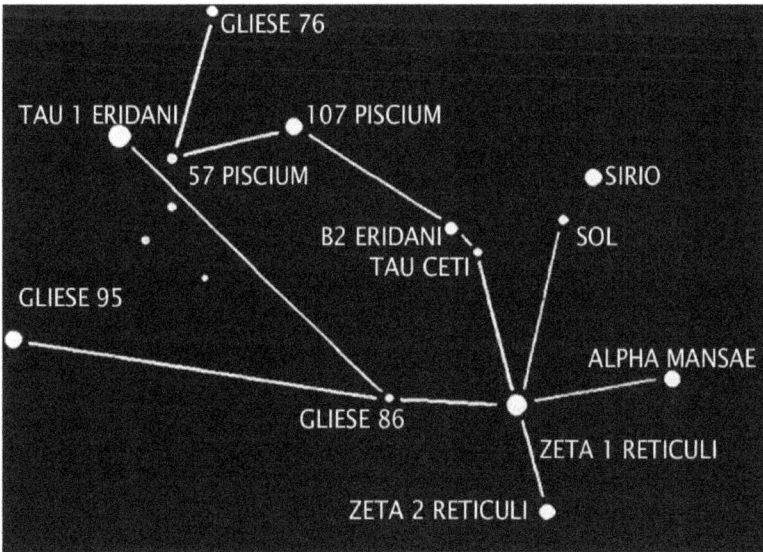

pretendiendo ser un complemento y continuación del primero, exponía la alianza entre los Estados Unidos y una raza de seres grises provenientes de la estrella Zeta Reticuli. Según Matrix se habría aceptado un intercambio en el que el gobierno americano recibiría tecnología extraterrestre a cambio de que se permitiera a estos seres tener bases en la Tierra y experimentar con humanos y animales.

Es realmente poco probable que este último documento sea real, en dado caso se acerca más a una mezcla intencional de verdades parciales y mentiras, que construyen una historia con la intención de sembrar confusión, o dar a la opinión pública un arbitrario y negativo ángulo desde el que observar el fenómeno de la visita de seres del espacio. Muy probablemente *Matrix* sea una campaña de desinformación orquestada por algún organismo secreto de inteligencia que trata de restar veracidad a lo expuesto en *Majestic 12*.

Sin embargo sería también colocarnos en el extremo opuesto el afirmar que todas las civilizaciones que pueblan el cosmos son pacíficas y de un elevado grado de espiritualidad, debemos conceder que hay una gran probabilidad de que así como en la Tierra existen antropólogos viajando a lugares remotos de nuestro mundo para observar la vida de otras sociedades, así también podría ocurrir que en la vastedad del espacio sideral, civilizaciones de mayor avance tecnológico se desplacen desde otras regiones de la galaxia con la única finalidad de observarnos. Y como los zoólogos y biólogos de nuestro mundo que se dedican a clasificar, numerar y hasta experimentar con ciertas especies animales, quizá algunas de estas razas extraterrestres estén observándonos con la misma falta de respeto y morbosa curiosidad con la que nosotros nos permitimos raptar a individuos de otras especies inferiores en contra de su voluntad.

Otros alienígenas cuya evolución hubiese seguido una línea distinta a la nuestra muy probablemente no nos consideren importantes como objeto de estudio, de hecho, lo que nosotros llamamos inteligencia podría ser para ellos solo una rústica herramienta del pasado, como si por accidente encontrásemos un cuchillo de obsidiana del neolítico y lo comparásemos con el instrumento de acero inoxidable que usamos en nuestros días.

Posiblemente una manera de determinar inteligencia sea observando la capacidad de adaptación mostrada por una especie. Se ha dicho por ejemplo que de ocurrir una guerra nuclear, los animales mejor adaptados serían los insectos que por millones de años han demostrado ser muy eficaces para la supervivencia, algunos de ellos con sociedades bastante complejas en estructura y organización, como las termitas, abejas y hormigas; no debería entonces sorprendernos demasiado si algunas civilizaciones del cosmos tienen más interés en establecer algún tipo de comunicación con insectos, vegetales o delfines que con nosotros, de hecho existen muchos reportes de encuentros cercanos del segundo y tercer tipo[1] en el que los testigos humanos son completamente ignorados mientras los alienígenas se dedican a observar la naturaleza.

Digamos entonces como afirma uno de los preceptos del *Kybalion* (libro atribuido a Thoth el Atlante) que: *"Como es arriba es abajo"*, así como hay diversidad de culturas, sociedades e intenciones en la Tierra así también debe existir esa diversidad en el cosmos.

Según los guías de la Misión Rahma, y como se mencionó en capítulos anteriores, varias civilizaciones extraterrestres habrían librado una guerra en la constelación de Orión, y los ganadores, la actual Confederación de Mundos, se habría dedicado a velar por la evolución siguiendo la línea de un plan estipulado desde el gobierno central de la galaxia o Hermandad de la Estrella.

Los perdedores, que agrupaban a muchas civilizaciones, varias de ellas de línea evolutiva reptiliana e insectoide, habrían sido desplazados a las Constelaciones de la Osa Mayor y Osa Menor desde donde continuarían la oposición. De hecho se afirma que Thuban, estrella conocida por la astronomía como Alfa Draconis y ubicada en la constelación de la Osa Menor, seria a la actualidad el eje de esta insurrección que habría extendido su influencia hasta otros sistemas, entre los que se contarían Epsilon Bootes y Zeta Reticuli 1 y 2.

---

[1] Encuentros Cercanos del Segundo Tipo: Avistamiento de un objeto volador que deja evidencia física de su presencia (quemaduras en el pasto, restos de algún material, radiación, etc.); Encuentros del Tercer Tipo: Aparición de una nave y sus tripulantes. J. Allen Hynek, "The Ufo Experience". 1972.

Los extraterrestres que nos contactan, aseguran que con anterioridad a la Segunda Guerra Mundial (1939-1945), eran muchas las civilizaciones que libremente ingresaban a la Tierra. Mas cuando en el 45 los seres humanos hicimos detonar las bombas en Hiroshima y Nagasaki (Japón), el peligro de que razas extraterrestres de inclinaciones bélicas vieran en nuestro potencial destructivo no solo una amenaza sino la justificación para un avance expansionista, obligó a la Confederación de Mundos a establecer una cuarentena en el planeta.

La fuerza bélica de la Confederación, razas a la que denominamos *Los Vigilantes de Mundos*[1], fueron designados como nuestros protectores para impedir el ingreso de civilizaciones cuyo móvil era la conquista y aún el exterminio de nuestra especie. La filmación de NASA, tomada por el transbordador espacial Discovery el año 1991, sería una clara evidencia de que estas naves de la confederación están dispuesta a derribar a cualquiera que trate de romper la cuarentena sideral establecida en la Tierra.

En este video se observan algunos cuerpos brillantes como luceros tratando de ingresar a la atmósfera terrestre y siendo de inmediato repelidos por otros objetos luminosos que se acercan disparando y provocando la huída de estas naves invasoras.

Consecuencia de estas batallas estelares serían los más de nueve casos reportados entre 1947 y 1996 de la caída de objetos voladores no identificados; el primero correspondiente al sonado caso Roswell (Nuevo México) en donde dos naves habrían sido derribadas por *Los Vigilantes*, precipitándose una de estas en un rancho de Nuevo México y la otra cerca a la ciudad de Socorro; el último caso que llamara la atención internacional ocurriría en Minas Gerais, Brasil, en donde decenas de testigos afirmaron haber visto no solo la caída de la nave, sino también a los extraños tripulantes, detenidos posteriormente por el ejercito que de inmediato acordonó toda la zona, impidiendo el paso a investigadores y curiosos.

---

[1] Sixto Paz Wells, "El Libro de los Guardianes y Vigilantes de Mundos". 1997

De la experiencia de Ricardo González, amigo y contactado peruano, quien fuera llevado físicamente a una estación orbital extraterrestre cercana a la Luna[1]; supimos que antes de que se implantara la cuarentena, seres de Zeta Reticuli tenían ya cuatro bases en nuestro planeta, dos de ellas en el territorio de Norteamérica; de allí que la mayor cantidad de reportes sobre abducciones se verifiquen justamente en Los Estados Unidos y la isla de Puerto Rico. Establecida la cuarentena, estos Zeta Reticulianos o Grises, no pudieron salir de la Tierra, ni volver a ingresar aquellos que venían desde el espacio exterior. Los grises no tenían la capacidad de sobrevivir por demasiado tiempo en las condiciones de nuestro mundo sin el intercambio propio de los años previos, por lo que en un desesperado intento de adaptación empezaron las abducciones con la finalidad de hibridarse con la raza humana y de esta manera aumentar su probabilidad de supervivencia (Gráfico 8).

Los Zeta Reticulianos se oponen al Plan Cósmico y sus intereses serían bastante distintos a los de nuestra evolución y desarrollo, de allí que la Confederación no tenga reparos en derribar sus naves cuando estas han tratado de ingresar o salir de nuestro mundo. Siendo este el caso no nos resultará difícil imaginar a estos grises tratando de establecer una alianza con las potencias de la Tierra, y hasta hacer contacto con la población regular de superficie.

Uno de estos intentos sería verificable en la página de Internet llamada: Zeta Talk: Zeta Vision[2] (Habla Zeta: Visión Zeta), en la que una mujer norteamericana de nombre Nancy Leider, afirma mantener comunicación con estos seres provenientes de un planeta ubicado en las cercanías de la estrella Zeta Reticuli 2; seres que constantemente estarían brindándole información que ella actualiza en la página dedicada al mensaje Reticuliano, caracterizado por la visión alarmista sobre diversos tópicos: Cambio del eje terrestre, destrucción de civilizaciones previas y el paso del apocalíptico

---

[1] Ricardo González, "El Legado Cósmico". 2002
[2] http://www.zetatalk.com/.

mensajero estelar llamado Planeta X, pronosticado según los grises para la primavera del año 2003.

Sin embargo, para aquellos que hemos observado de cerca los informes catastrofistas de Nancy y los Zetas, podemos afirmar que no se debería tomar demasiado en serio semejantes avisos, puesto que ya en el pasado han probado estar equivocados.

Recordemos que Zeta Talk inició el año 1998 una campaña en la que llamaban la atención de la opinión pública en Norteamérica sobre el llamado Y2K (Virus del año 2000), que acorde al pronóstico de los grises, iniciándose como una falla de los sistemas informáticos del planeta, devendría en una crisis mundial de energía y hasta provocaría la explosión de misiles nucleares en sus respectivos silos, lo que contaminaría la atmósfera al extremo de hacer imposible la vida.

La alarma que se sembró por aquellos días fue grande y aún las esferas gubernamentales de distintos países invirtieron millones en implementar sus sistemas informáticos, siendo que los efectos del Y2K jamás fueron tan devastadores como la exagerada y amarillista versión de los grises. Pasaron los años 2000 y 2001 sin que se verificara aquello expuesto en las profecías entregadas a través de Nancy; quien inmediatamente, como quien se aferra a otro recurso de alarma, combinó la versión Zeta Reticuliana del Planeta X con la del 12vo Planeta de Zecharia Sitchin.

Nancy, supuestamente, habría sido expuesta por los grises a una visión desde el espacio exterior en donde observa la antartida desplazada, la costa occidental de Norteamérica elevada del nivel del mar y Asia-Europa fracturadas y sumergidas en varios lugares; sobre esto los Zetas afirman que el cataclismo del que su "emisario" ha sido testigo, será el resultado de la influencia gravitatoria de un cometa gigante, el cual sería en realidad un enorme planeta de nuestro sistema solar.

Gráfico 8: *Miles de personas han reportado haber sido llevados por la fuerza al interior de naves alienígenas, en donde habrían sido sometidos a experimentación por pequeños seres grises, que muchos afirman provendrían de la estrella Zeta Reticuli 2.*

Este cuerpo estelar, como en la versión de los creyentes en Hercólubus, no vendría en ruta de colisión pues su orbita no se intersecta con la de la Tierra, sin embargo su gigantesca masa ocasionaría los anunciados cambios sobre la superficie terrestre durante su paso el año 2003: tsunamis, terremotos y actividad volcánica que lanzaría a la atmósfera una densa nube de ceniza capaz de ocultar la luz solar por varias décadas. En la versión de los grises, un segundo paso del Planeta X ocurrirá pocos años después durante el 2011, ocasionando una segunda ola de los cataclismos ya descritos.

Cabría aquí preguntarse, ¿Qué oscuras intenciones se traen entre manos los seres de Zeta Reticuli? ¿Es acaso que a través de la siembra del terror pretenden contaminar la conciencia colectiva humana con miras a que nuestra propia negatividad precipite un evento de esta clase? Recordemos que de ocurrir algo así, la protección establecida por la Confederación de Mundos no tendría ya ningún sentido, y abandonada la esperanza de nuestra evolución el planeta muy probablemente sería abandonado a su suerte, levantando la cuarentena y permitiendo a los seres atrapados aquí huir a sus lugares de origen o hasta extender su dominio definitivo sobre la Tierra.

Tenemos que estar conscientes de que ellos (los grises) ya están condenados a muerte de permanecer aquí, por lo que no dudarán en hacer hasta lo imposible para interferir el camino natural de nuestra evolución, sembrando como lo han estado haciendo desde el 95 en Zeta Talk, las semillas de nuestra destrucción en *formas-pensamiento*[1] que de llegar a ser aceptadas por el colectivo podrían re-orientar nuestro devenir dibujándonos un futuro de crisis.

De allí la importancia de no ceder ante la negatividad y confiar en el poder depositado en cada ser humano desde el momento de nuestra creación: *El Libre Albedrío*, que nos dio la capacidad de ser los artífices de nuestro propio destino, reconociendo que el futuro está a cada minuto siendo

---

[1] Formas-Pensamiento: Estructuras de energía a manera de patrones geométricos que emana nuestra mente durante el proceso de pensar.

gestado en nuestros pensamientos, sentimientos y emociones; por lo que debemos cuidarnos ahora más que nunca de aquello que aceptamos y creamos con nuestra mente, pues es exactamente lo que manifestaremos como realidad.

CAPÍTULO X

OVNIS EN ZONAS DE DESASTRE

"...Yo y otras personas de mi equipo fuimos al lugar de la explosión por la noche. Allí vimos una bola de fuego que volaba lentamente en el cielo. Creo que la bola medía de seis a ocho metros de diámetro. súbitamente vimos salir del objeto dos rayos de luz carmesí extendiéndose hacia el cuarto reactor. El objeto estaba como a unos 300 metros de la unidad. Esto duró cerca de tres minutos luego de lo cual la luz del objeto empezó a apagarse y este voló lejos en dirección noroeste... esta extraña intervención bajó el nivel de radiación haciéndolo decrecer a una cuarta parte, lo que previno la explosión nuclear que temíamos..."

Testimonio de Mikhail Varitsky sobre la explosión en la Planta Nuclear de Chernovil. Abril 26, 1986.

Se dice que conforme pasan los años, la incidencia de catástrofes ocasionadas por las fuerzas de la naturaleza van en aumento: Terremotos, maremotos o tsunamis, huracanes y actividad volcánica serían de las más comunes; y en muchas ocasiones irían extrañamente acompañadas por la presencia de objetos voladores no identificados.

Cuando en 1972 un terremoto sacudió al hermano país centroamericano de Nicaragua, lo que sorprendió a los habitantes de la capital Managua, no fue solo el movimiento sísmico sino un enorme objeto esférico de color rojo intenso, como el sol poniente, que desplazándose ingrávido sobre la ciudad, emitía un zumbido ronco que a más de uno llenó de pavor. Dicen los testigos que el sonido emitido por el OVNI: ¡Parecía estar absorbiendo la

93

vibración terráquea en su estructura!; pero, ¿Es este un caso aislado dentro de la fenomenología OVNI? La evidencia pareciera apuntar a lo contrario.

El investigador chileno, Jorge Anfruns, en su libro: *"Ovnis, Extraterrestres y Otros"*, nos relata el caso de un gran movimiento sísmico ocurrido en la provincia chilena de Concepción, el 25 de mayo de 1751 y que los cronistas de la época describieran en detalle:

"... Este gran terremoto se anuncio noches antes con pequeños temblores y especialmente con uno que se sintió un cuarto de hora antes; además con un globo de fuego que pasó hacia el poniente con una especie de silbido...".

El terremoto ocurrido en octubre de 1998 en Chile, presentó similares características sumando reportes de un objeto esférico de color rojo-fuego sobre las ciudades de Ovalle y Santiago.

La ciencia, por supuesto, acostumbrada a justificar todo evento desde la perspectiva racional, se inclina por la teoría que afirma que horas antes de un movimiento sísmico o erupción volcánica aparecen luces extrañas atribuidas a campos electromagnéticos generados por las fuerzas telúricas a desatarse, o quizá a gases fosforescentes liberados por la corteza terrestre.

En más de una veintena de oportunidades se han observado OVNIS en regiones de intensa actividad volcánica; uno de los más recientes avistamientos ocurriría en el mes de Diciembre del año 2000, en el volcán Popocatépetl (México), cuando las autoridades locales y los medios de comunicación alertaran a los pobladores de la zona sobre la inminencia de la erupción.

Miles de personas apuntaron sus cámaras de video y fotográficas al cono del peligroso volcán consiguiendo no solo imágenes de la fumarola clásica y lava incandescente siendo expulsada al exterior, sino también increíbles fotografías de OVNIS moviéndose en las proximidades del cráter.

El periódico mexicano *Milenio* publicó una de estas tomas conseguida el 19 de Diciembre, en donde se aprecia una nave con una estela brillante que en pleno día desciende sobre el volcán; el objeto que luce como una media luna y muestra un destello de luz en la parte superior, pareciera dirigirse intencionalmente hacia el interior. Cabría aquí preguntarse: ¿Cómo una masa de gas podría desplazarse a voluntad haciendo súbitos cambios de dirección? Y si los OVNIS observados durante movimientos sísmicos fuesen realmente fenómenos naturales, ¿Cómo se explican entonces los zumbidos y vibraciones intensas que emiten al desplazarse?

Pero, aún concediendo a la ciencia que estos OVNIS descritos pudieran ser provocados naturalmente; ¿Que podríamos decir entonces de aquellos objetos voladores no identificados observados durante desastres no naturales o provocados intencionalmente por el hombre?

Durante las Guerras Mundiales por ejemplo, se efectuaron numerosas observaciones de este tipo, siendo muy conocida la versión que dieron los pilotos aliados, respecto de los llamados: *Foofighters*; objetos luminosos como bolas de fuego que se acercaban a los aviones de combate y bombarderos, volando a escasos metros de distancia y ejecutando maniobras imposibles para un vehículo terrestre. Terminada la Segunda Guerra, los aliados descubrirían con asombro que lo que pensaron eran armas secretas de los nazis o los japoneses, habían sido también reportadas por éstos como fenómenos inexplicables. El mismo tipo de reporte se verificó varios años después durante la operación *Tormenta del Desierto* que enfrentó a los Estados Unidos con Irak.

En enero de 1986 el transbordador espacial Challenger, que en dos oportunidades había cancelado su lanzamiento debido a problemas técnicos, hacía un tercer intento con el catastrófico saldo que ya todos conocemos; la nave estalló a los pocos minutos de haber despegado y en las filmaciones que captaron las imágenes del trágico incidente se observan con claridad unos extraños objetos esféricos suspendidos a corta distancia como observadores del trágico destino final del transbordador.

Ese mismo año la Planta Nuclear de Chernovyl estallaba debido a una evidente falla humana, liberando toneladas de material radioactivo a la atmósfera. Sin embargo, no fue una explosión nuclear sino una térmica la que se verificó en ese incidente, pues de haber detonado las 180 toneladas de uranio enriquecido del cuarto reactor, esto hubiese sido suficiente para borrar de los mapas la mitad del continente europeo.

Versiones varias trataron de explicar semejante golpe de suerte, una de ellas afirma incluso que se recibió ayuda de un objeto volador no identificado. Cuando a la 1:23 de la mañana se inicio el problema con una gran explosión, varias personas dijeron haber visto una nave volando en círculos sobre el reactor; de hecho son cientos los testigos que afirman que el OVNI estuvo allí por más de seis horas (Gráfico 9).

Mucho más cercano está el ataque terrorista a las Torres Gemelas el fatídico 11 de Septiembre del 2001. Varias cadenas de televisión al analizar las filmaciones obtenidas desde distintos ángulos, observaron la presencia de veloces platillos moviéndose muy cerca de los edificios durante el instante mismo del impacto de los aviones; algunas de estas filmaciones dieron aún más detalles al ser estudiadas cuadro por cuadro, determinándose que los OVNIS eran más de los que podían apreciarse a simple vista.

De igual manera, la desaparición de barcos, submarinos y aviones en la zona del océano Atlántico conocida como *El Triangulo de las Bermudas* (entre las Islas Bermudas, la Península de Florida y la Isla de Puerto Rico), se ha visto acompañada también por la presencia de estos objetos voladores que unas veces parecieran salir de bases subacuáticas y otras venir del espacio.

Sin demasiado análisis algunos han querido acusar a estos vehículos extraterrestres de ser los causantes de las desgracias mencionadas, debido sobre todo a su persistente presencia en el momento de los incidentes; sin embargo de lo que sabemos, la realidad es otra y bastante más sorprendente de lo que la opinión pública imagina.

Desde los inicios de la experiencia de contacto del Grupo Rahma, los Guías Extraterrestres explicaron que zonas como *El Triangulo de las Bermudas*, eran lugares en donde se habían generado campos de aberración

Grafico 9: *El personal de la Planta Nuclear de Chernovil, afirma que la providencial aparición de un OVNI pocos minutos después de la explosión del 4to reactor, habría salvado Europa de una catástrofe mayor.*

magnética a manera de puertas dimensiónales. Según la versión dada por estos seres de otros mundos, la historia del lugar se remontaría a varios miles de años atrás cuando los restos del planeta Maldek (ubicado antes de estallar entre las orbitas de Marte y Júpiter) aun volaban caóticamente por nuestro sistema solar. Dos de estos asteroides, atraídos por el campo gravitatorio de la Tierra se habrían acercado en franca ruta de colisión, obligando a la confederación extraterrestre a tomar cartas en el asunto.

En ese entonces el Océano Atlántico presentaba un archipiélago comprendido por diez islas mayores y poblado por una raza de gigantes, mezcla de la genética propia de la Tierra y una raza estelar proveniente de Las Pléyades. Esta antigua civilización que hoy llamamos Atlántida debido a la mención hecha por el filósofo griego Plantón[1], habría mantenido un intercambio de recursos y tecnología con las bases de la Confederación en nuestro sistema. Así al acercarse peligrosamente estos fragmentos de Maldek, los atlantes en colaboración con la Confederación de Mundos, habrían sembrado en el archipiélago un artefacto capaz de estabilizar estos asteroides en una órbita elíptica, de modo que en esa época nuestro planeta habría tenido 3 lunas visibles.

En el tiempo, una guerra interna entre dos facciones atlantes provocó que uno de estos bandos tratara de usar el artefacto de estabilización orbital como un arma, lo que catastróficamente ocasionaría la caída de estas dos lunas, una de ellas sobre el Océano Atlántico, destruyendo la civilización mencionada y abriendo una de las grietas más profundas en la corteza terrestre: La Fosa de Puerto Rico; la otra en cambio cayendo en el Océano Pacífico, abriendo La Fosa de las Marianas, y provocando gigantescas olas que cubrieron la superficie de todo el planeta.

Recuerdos de este dramático evento fueron registrados en los mitos y leyendas de las culturas más antiguas. Además del Noe bíblico del que todos hemos oído, el *Mahabharata* nos habla de Baibasbata, otro sobreviviente del cataclísmico diluvio universal. Uno más sería Deucalión,

---

[1] Hacia el año 355 A.C. Platón mencionaría en los Diálogos Timeas y Critias la existencia de una isla continental más allá de las columnas de Hércules, un lugar de riquezas inimaginables hundido en el océano unos 10,000 años antes.

el héroe griego que se refugiara en unas cavernas durante la subida de las aguas, al igual que lo hiciera Bochica de la tradición Chibcha (Colombia). Utnapishtim, padre de la humanidad en las leyendas sumerias, describió en *La Epopeya de Gilgamesh*, como consiguió escapar al diluvio en un arca; versión sospechosamente similar a la que nos narra el Génesis Bíblico.

Ese habría sido entonces el final de la civilización atlante; y como de esta versión se deduce, no fue ocasionado por la cercanía de un planeta gigante, sino por algo igualmente devastador: La caída de enormes rocas del espacio. Estos asteroides, al incrustarse en la corteza terrestre ocasionaron la aparición de vórtices de energía o zonas de aberración magnética en donde aún hasta nuestros días se verifican alteraciones espacio-temporales. La desaparición de cientos de embarcaciones en el Triangulo de las Bermudas, el Mar del Diablo en Japón y el llamado Triangulo del Dragón de las Filipinas, se debería pues a la activación de esos vórtices que son como puertas abiertas a otras franjas de espacio y tiempo.

Nuestros Hermanos Mayores han afirmado que la presencia de sus naves en estos lugares se debe a que ellos estarían encargados de rescatar a aquellas personas que de manera accidental ingresan a uno de estos vórtices, quedando atrapados en esa telaraña de tiempo.

Dicen que algunas de sus naves también se ubican en zonas de alta concentración de energía telúrica o actividad volcánica para de esta manera evitar que las erupciones y sismos pudieran significar aún más riesgo a las poblaciones humanas de superficie. Poseen naves y bases en los fondos oceánicos y en el lecho de varios lagos haciendo trabajos similares, de modo que ellos estarían en todo momento vigilando no solo nuestra actividad como civilización sino también la de todo el planeta que es observado como una entidad viviente. Sin embargo aseguran que hay un límite para lo que pueden hacer y éste es determinado por nuestra positiva participación en los eventos.
Los Guías de Rahma han manifestado que es fundamental que el hombre asumiendo la responsabilidad de salvar lo más sagrado de su propia humanidad se comprometa al trabajo consciente formando grupos de afinidad que funcionen como células de luz capaces de irradiar no solo

conocimiento sino también trabajo efectivo en la creación de formas-pensamiento que dibujen un futuro de estabilidad y paz para el planeta.

Aquello que creamos con nuestra mente es lo que manifestaremos en nuestro entorno, por eso, en cada reunión del Grupo Rahma siempre se hacen cadenas de irradiación planetaria en las que visualizamos mentalmente y de manera grupal aquellas regiones del mundo que se hallan aquejadas por el hambre, la enfermedad, la guerra o el desastre; procediendo a envolverlas en luz y creando así a nivel mental las condiciones para su mejoramiento. En algunas ocasiones, los Guías nos anticipan vía comunicación telepática lo que estaría por acontecer en el mundo de modo que podamos suavizar en algo los efectos que estarían por verificarse; y sea que el evento se manifieste como actividad volcánica o movimientos sísmicos, nosotros tenemos la certeza de que cada vez que nos reunimos para hacer un trabajo de irradiación las naves de nuestros Hermanos Mayores se desplazaran a la zona en tensión para liberar y transmutar las energías densas que puedan estarse generando.

Pero, ellos no van a operar más de lo que nosotros mismos estemos dispuestos a hacer, y no porque no lo quieran, sino porque cuanto más el hombre trabaje en la purificación y limpieza de su propio plano evolutivo, más liberaremos ese potencial que estamos llamados a manifestar, despertando al Dios dormido que todos los seres humanos llevamos dentro.

Por años había yo participado de las cadenas de irradiación sin ver mayores resultados que los de observar las naves acompañándonos durante los trabajos, pero diciembre de 1995 sería en lo personal un momento importante de mi preparación, pues fue el año en que se me permitió verificar de primera mano la efectividad de los trabajos mentales en los que por largo tiempo nos habíamos empeñado.

Recuerdo que por esos días trabajaba como conductor en la ciudad de San José (California) moviéndome de un punto a otro de la urbe, dirigido por una radio que me comunicaba con la oficina central. Me hallaba en un intermedio y serían aproximadamente las 2:30 de la tarde cuando empecé a sentir algo que en primera instancia identifiqué como una taquicardia. De inmediato me estacioné a un lado de la acera temiendo que estaría por sufrir algún problema del corazón. Los latidos eran demasiado acelerados y si bien no sentía dolor, un calor extremo parecía envolverme como si la temperatura del cuerpo se hubiese elevado en cuestión de segundos.

Tratando de controlar mis funciones vitales cerré los ojos y empecé a respirar lenta y profundamente por la nariz, identificando en pocos minutos que aquel calor excesivo y ansiedad creciente no parecían estar siendo emanados por mi cuerpo sino más bien venir del exterior y envolverme, concentrándose en el pecho.

La certeza de estar enfrentándome a algo exterior me puso aún más alerta y continuando las respiraciones dirigí ese flujo de energía hacia el entrecejo, concentrando toda la atención y voluntad en tratar de apreciar con los ojos de la mente lo que estaba ocurriendo. De inmediato sentí como si mi visión estuviese moviéndose entre las nubes mientras desde el fondo se acercaban las letras del negro titular de un periódico en donde se leía con claridad una terrible noticia: *¡ACCIDENTE AÉREO!* Tan pronto como conseguí ver la portada del diario, la 'A' de la palabra 'Accidente' y la 'A' de 'Aéreo' cambiaron de color, tornándose una azul y la otra roja, al tiempo que se separaban del titular que iba quedando detrás mientras estas se juntaban al frente, permitiéndome reconocer de inmediato el característico logo de la aerolínea *American Airlines*.

Ni por un segundo permití a mi parte racional interferir en lo que estaba ocurriendo, sino que por el contrario seguí fluyendo con lo que veía, experimentando una suerte de alivio en acercarme cada vez más al sentido de aquello. No bien identifiqué el símbolo, vi que este se hallaba grabado en la cola de un avión que se acercaba velozmente a la ladera de una montaña. Los pasajeros lo notaron y por unos segundos el horror y el desconcierto se hicieron colectivos; sin embargo esto no duró demasiado, porque fue de inmediato seguido por el atronador estampido de la nave estrellándose contra la montaña. En menos de un segundo los asientos se plegaron como en una explosión mientras los cuerpos de los pasajeros volaban y se aplastaban en un caos de metal y estructuras indefinidas.

El nivel de ansiedad y miedo era indescriptible y luché por tomar conciencia de que no me hallaba allí físicamente sino solo en un viaje mental, mientras el tiempo a mi alrededor parecía detenerse en las emociones de los pasajeros. La realidad de pronto se había partido; por un lado se hallaban los restos esparcidos del avión y los cuerpos, consumiéndose en el fuego que alimentaba la vegetación del lugar, mientras por otro lado podía observar la escena del momento mismo del impacto como si todavía estuviese ocurriendo; aunque en un tiempo distinto.

No podía entender que sucedía con los pasajeros, ¿Por qué tenían que revivir otra vez la terrorífica secuencia de su muerte? Solo sentí preguntar que podía hacer para ayudar; y la respuesta llegó de manera intuitiva y clara: *"... No estás aquí por casualidad. El mismo nivel de energía que te proyectó hasta este instante, es el que debes usar para ayudar a transformar el horror en conciencia...".*

De inmediato procedí mentalmente a llenar de luz el interior del avión descubriendo con asombro que algunos de los pasajeros parecieron percibirla y abandonar el miedo; de pronto noté que una luz más intensa envolvía el avión desde el exterior, y sin embargo, solo aquellos que habían conseguido ver la que yo proyectaba podían captarla, el resto de los pasajeros aun permanecía en un caos de emociones incontrolables.

Empecé a oír a lo lejos el sonido de la radio llamándome, y esto me trajo de vuelta al cuerpo físico, apartándome violentamente de la visión. Después de recibir las directivas de la oficina, tomé unos segundos para poner mis emociones en orden y pase el resto de la tarde muy ocupado manejando y orando. Rogaba a Dios que mi visión no hubiese sido simultánea al evento, sino que anticipándose por horas o días me diese el tiempo suficiente para hacer algún trabajo mental que evitara el accidente o por lo menos aminorara sus consecuencias.

Sin embargo, cuando a las 9 de la noche llegué a mi apartamento y prendí la televisión, las noticias confirmaron que un vuelo de American Airlines con más de 160 pasajeros se había estrellado esa tarde contra la ladera de una montaña en Colombia. Puesto que ya era de noche las cuadrillas de rescate no intentarían el ascenso sino hasta el día siguiente, pero de cualquier manera no creían que hubiese sobrevivientes. Mientras observaba la televisión sentí nuevamente como aquella energía me tomaba por completo y supe de inmediato que mi trabajo no había terminado.

Retirándome a la habitación y recostado en la cama procedí a relajarme con la respiración, experimentando de manera espontánea un desdoblamiento astral. Algo superior a mí parecía guiarme y no dude un segundo en separarme del cuerpo físico, dar un salto y flotar elevándome sobre el complejo de apartamentos en el que vivía; luego a la velocidad del pensamiento me proyecté sobre las montañas en donde había ocurrido el incidente. Algunos escombros todavía en llamas hacían visible el sitio aún a la distancia. La noche había caído sobre el lugar y una luz sutil envolvía toda la zona coronada por la presencia de varias naves de forma plana y circular que permanecían estacionarias sobre el sitio.

Descendiendo en el lugar me di con la sorpresa de que varios pasajeros eran acompañados por personas vestidas de túnicas blancas, en algunos de estos seres reconocí a mis Hermanos Mayores del Espacio; yo casi no podía creer que me hallara allí compartiendo un trabajo de esta naturaleza con ellos. Pero, no todos los que estaban colaborando eran extraterrestres, sino que varios habían llegado como yo, sintiendo el llamado íntimo de hacer algo.

Una voz femenina interrumpió el curso de mis pensamientos, ella también vestía de blanco pero un atuendo pegado al cuerpo similar al látex, su cabello rubio claro y rostro de belleza oriental cautivaban toda mi atención. En su presencia un sentimiento de dulzura parecía invadirme y creí reconocer a la Guía Anitac de las bases en Venus. Como cortando mis intenciones de interrogarla procedió a decirme que el trabajo nos hacía Uno y que los nombres no serian importantes en aquella noche; asegurándome que muchos de los que como yo habían llegado a aquel lugar, no recordarían nada a la mañana siguiente pues solo la parte de conciencia más elevada de ellos era la que operaba trabajando en ese instante.

-¿Quieres decir que aún dormidos continuamos haciendo el trabajo?- pregunté con entusiasmo, provocando su sonrisa y respuesta rápida:

-Esto quiere decir que ningún esfuerzo se pierde y que todas las semillas de amor que han sembrado, tarde o temprano dejaran ver sus frutos- aseguró ella enfática al tiempo que señalaba a aquellos que guiaban a los pasajeros.

Tomándome del brazo me condujo a ver nuevamente el avión un segundo antes del choque, solo que en esta ocasión parecía estar hecho de fragmentos similares a burbujas en los que algunos pasajeros aún permanecían atrapados. Ella con mucha suavidad se acercó a uno de ellos que como en una secuencia repetitiva se golpeaba una y otra vez contra el asiento del frente perdiendo la conciencia y recuperándola al instante para volver a repetir el cuadro de horror en el que había quedado atrapado. Lo tocó en la frente, y mientras con el otro brazo lo cubría, le hablaba mentalmente invitándolo a salir de ese interminable cuadro de sufrimiento, despertándolo a su nueva condición. El hombre, como quien sale confundido de una pesadilla, observó a la mujer y cambiando la expresión de su rostro por una de serenidad, se dejo conducir apaciblemente al lugar en que se hallaban los demás.

Supe de inmediato lo que tenía hacer y pasé varias horas en esta actividad de rescate, hasta que conseguimos que casi todos los pasajeros tomaran conciencia de que el accidente había pasado ya. Solo cuatro personas aún agonizaban, y muy probablemente no pasarían de esa noche, por lo que algunos hermanos de blanco ya estaban ocupándose de ellos. Los demás procedimos a formar un círculo tomándonos de las manos e hicimos bajar del cosmos algo similar a un tubo lumínico que era al mismo tiempo un puente para aquellos que habiendo perdido sus cuerpos físicos, tenían ahora que partir.

Fue maravilloso verlos ingresar a esa Luz y hacerse Uno con esta, pero sobretodo fue iluminador para mí observar que aquello que trabajamos en las cadenas de irradiación tiene un efecto real y que de tanto repetirlo nuestra energía se sintoniza de tal manera con el planeta y la humanidad, que aún cuando no somos concientes continuamos operando aquello que es la misión que hemos venido a cumplir en este plano evolutivo.

Los investigadores de accidentes aéreos han notado que en varios casos los relojes de pulsera recuperados así como los instrumentos en la cabina de vuelo no coinciden con el tiempo lineal, sino que por lo general están desfasados en un rango de varios minutos; ahora sabemos que esto se debe a que poco antes de ocurrido el accidente nuestros Hermanos Extraterrestres crean una 'burbuja de tiempo artificial' para permitirnos trabajar fuera del tiempo sobre la conciencia de nuestros hermanos fallecidos. Naturalmente muchos se preguntarán ¿por qué es que teniendo estos seres extraterrestres semejante tecnología no levitan el avión o salvan a los pasajeros?; debemos responder que en muchos de los casos, las naves ciertamente hacen una labor física de rescate de los pasajeros, siendo a veces imposible retornarlos debido a cierta distorsión espacio-temporal que podría ocasionar un envejecimiento prematuro de ser devueltos de inmediato, por lo que la mayor parte del tiempo son llevados a bases de la confederación en las que son acondicionados y preparados para regresar a la Tierra en un futuro próximo. También se da como en la mayoría de desastres aéreos que el karma de un grupo de personas no debe ser alterado más que por otro grupo humano, por lo que es a nosotros que corresponde trabajar ayudando a los desencarnados pues en este caso los Guías se limitan únicamente a crear las condiciones adecuadas para que posteriormente podamos ayudar haciendo uso de nuestras capacidades psíquicas naturales.

El investigador Charles Berlitz reportaría uno de estos incidentes de distorsión temporal ocurrido en Miami a principios de la década del setenta, cuando un avión 727 en ruta comercial desapareció de los radares mientras se acercaba al aeropuerto. Luego de diez largos minutos reapareció en el radar y aterrizó sin mayores complicaciones. Si bien la tripulación no había experimentado nada inusual durante el vuelo, todos los relojes del interior del avión, incluidos los de pulsera presentaban un atraso de diez minutos respecto del tiempo real[1]. Recordemos que la

[1] Charles Berlitz, "The Bermuda Triangle". 1975

península de Florida se halla en una de las esquinas del Triangulo de la Bermudas por lo que este tipo de incidentes no resulta inusual en la zona.

Los ataques terroristas del 11 de septiembre al World Trade Center fueron otro momento importante en el que podríamos poner en práctica lo aprendido. Nuestros Hermanos Mayores informaron en varias comunicaciones telepáticas que el número de cuerpos no correspondería con la cantidad de personas que había en los edificios y que la presencia de sus naves obedecía en parte a que habrían rescatado en el último minuto a mucha gente que fuera llevada a las bases submarinas que nuestros Guías Extraterrestres poseen en el Atlántico. Sin embargo no todos pudieron ser rescatados; poco después del incidente y mientras meditábamos sobre lo ocurrido, la Guía Anitac nos informó que algunas de las naves habrían estado allí específicamente para crear una *cápsula de tiempo artificial* en torno a las torres, consiguiendo de esta manera impedir que la energía negativa generada por la muerte violenta de miles de personas se liberase contaminando la conciencia colectiva (Gráfico 10). La importancia de esto radica en que nuestro planeta en la actualidad está haciendo un delicado tránsito a la 4ta dimensión y es de suma importancia que la vibración del mental colectivo humano se mantenga elevada. La Guía Extraterrestre nos hizo ver que el impacto de permitir que se liberase semejante carga energética hubiese sido desastroso para el momento actual, por lo que luego de informarnos, invitó a través nuestro a varios de los grupos Rahma de Norte América (Miami, New York, Washington, San Carlos y San José) a trabajar sobre la población muerta durante los ataques; sugiriéndonos el 14 de septiembre como la fecha adecuada para la labor a realizar.

"...Observamos los álgidos momentos en que la humanidad se debate luchando por su despertar. Como veis, la negatividad y asechanza de las fuerzas oscuras puede generar efectos tangibles, pero infinitamente más poderosas son las causas que vosotros sembráis ahora a la luz del trabajo colectivo. Los dolores propios del nacimiento de un nuevo estado de conciencia darán paso al regocijo cuando consigan equilibrar la inestabilidad del plano en que os ha tocado vivir, polarizando la conciencia colectiva hacia la Luz del Profundo. Vosotros fuisteis llamados de antaño a este instante en que las definiciones son el elemento necesario al esperado cambio. Reconoced que sois reunidos por el Amor a vuestros semejantes y que no hay casualidad en el devenir de los eventos, pues el

Gráfico 10: *Durante los atentados terroristas del 11 de Septiembre del 2001, filmaciones de video-aficionados y cadenas de televisión, captaron la presencia de OVNIS cercanos a las Torres. ¿Estarían acaso haciendo una anónima labor de rescate?*

compromiso asumido por esta humanidad solo puede ser medido en un camino de transformaciones. Desde Columo (Nave Orbital de la Confederación) nos hallamos a pocas millas de vosotros y a punto de desplazarnos sobre la ciudad de New York para dar inicio al trabajo; proyéctense mentalmente a la zona del incidente, estaremos allí con ustedes.

Amor y Paz del Profundo

Anitac y Erjabel"

Esta comunicación psicográfica recibida el mismo 14, fue la introducción que nos dieran los Guías. Pocos minutos después y siguiendo sus indicaciones nos proyectaríamos mentalmente al llamado *Ground Zero* (lugar del atentado), para empezar la labor de rescate de las conciencias de nuestros hermanos fallecidos durante los ataques.

CAPÍTULO XI

EL FINAL DE LOS TIEMPOS

"Y juró por el que vive por los siglos de los siglos, que creó el cielo y las cosas que están en él, y la Tierra y las cosas que están en ella, y el mar y las cosas que están en él, que el tiempo no sería mas..."

"La Biblia" (Revelaciones 10:6)

"Así, cuando la conciencia y las formas de la percepción se elevan y se expanden, las características del espacio aumentan y las del tiempo decrecen."

PD Ouspensky "Tertium Organum"

Amanece en este lado del planeta y mientras el sol se eleva por el horizonte para devolvernos a la actividad y a aquello que llamamos vida, para otros en cambio se oculta sumergiéndolos en el misterio de la noche y el sueño que en mucho se parece al tan temido final. En el Universo se verifican estos inalterables ciclos en los que alternamos un estado del ser con su opuesto; y la existencia, lejos de ser entregada a la nada después de la muerte, es más bien transformada en algo diferente, como la materia que no puede destruirse sino solo cambiar de estado.

La frase *El Final de los Tiempos*, va inevitablemente ligada en nuestro baúl de significados a: Fin del Mundo, destrucción, fallecimiento o extinción, pues implica el cambio de un estado a otro en el que la existencia se experimenta como algo radicalmente distinto. Muchos temen a este final como a la mismísima muerte pues siendo desconocida para la mayoría de nosotros, vive desde ya en lo más profundo de nuestra mente subconsciente reproducida por nuestra ignorancia en espantosas imágenes de sufrimiento y soledad.

De allí que la mayoría de las veces, cuando se ha especulado acerca de las profecías y el devenir de nuestra civilización, la tendencia natural haya sido la de expresar este cambio como un evento catastrófico, lo que para algunos justificaría la creencia generalizada en el Hercólubus, el Planeta X o Nibiru como verdugo a oficiar en nuestro Juicio Final.

De hecho, una característica de nuestro universo y aquello que lo compone es esta capacidad inherente a la transformación, siendo que nada se mantiene estático sino que tarde o temprano todo es transformado, de modo que lo único capaz de permanecer inalterable es el cambio en sí mismo.

Esta es entonces nuestra única certeza: se va a vivir una transformación; pero la manera en que se manifieste es todavía un misterio y señalar un final catastrófico es solo una manera perversa de contagiar nuestra ansiedad e ignorancia frente a lo que aún desconocemos.

Nuestros Hermanos Mayores de las estrellas han afirmado que las profecías de nuestros videntes eran solo advertencias tratando de hacernos entrar en razón, avisarnos de lo que podría ocurrir si es que no corregíamos el sendero de destrucción que transitábamos entre guerras, contaminación industrial y explotación desmedida de los recursos del planeta.

Un nuevo milenio ha dado inicio y las ¾ partes de la población mundial padecen por hambre, siendo que una hectárea de terreno usada como pastos para alimentar diversos tipos de ganado podría, de llegar a ser cultivada, rendir en alimentos vegetales muchísimo más de lo que se obtiene en carnes de cualquier tipo.

El vegetarianismo significaría no solo limpiar el pesado karma del crimen que contra millones de animales se comete día a día, seres que desean vivir y sienten con tanta intensidad como cualquiera de nosotros, sino que haría posible una producción de alimentos capaz de llenar las necesidades de toda la población mundial.

Somos ya 6.2 billones de personas y frente a esta exagerada superpoblación y hacinamiento de las ciudades observamos como el ser humano se agita buscando el sentido de todo esto; ¿Quiénes somos realmente? ¿Por qué estamos aquí? ¿Hacia donde vamos? Es en este clima de incertidumbre en donde las iglesias y religiones más diversas proliferan tratando de dar una respuesta a lo incomprensible, mientras la ciencia ensaya infinidad de soluciones a medias, que no consiguen satisfacer la ansiedad humana; la creencia en el Infierno o el Fin del Mundo pareciera estar haciendo un efecto psicológico de catarsis negativa, en donde la humanidad cansada de una existencia sin finalidad prefiere imaginar su propia destrucción como una manera de escapar a la conflictiva realidad que nos ha tocado vivir.

La bolsa de valores se tambalea apuntando a una segura crisis mundial de las economías en la próxima década; el índice de divorcios llega a un 50 % en los primeros dos años de matrimonio, poniendo en peligro la estructura de la familia como célula base de la sociedad; la democracia como sistema político sirve únicamente a los intereses de unas cuantas corporaciones transnacionales y contadas familias de ricos y poderosos. Y no es que la riqueza sea negativa en si misma sino que la mala distribución de ésta determina el grado extremo de desigualdad y pobreza que apreciamos en el mundo.

Frente a la crisis es evidente que el cambio se aproxima, y es ahora cuando volvemos nuestros ojos al pasado tratando de interpretar las profecías en un desesperado intento por vislumbrar nuestro porvenir. Pero, la única manera acertada de comparar visiones proféticas es buscando aquellos elementos que las hacen comunes y por suerte se dan enormes coincidencias en lo que a esto se refiere; las leyendas de la *Nación Hopi* (Indios Americanos) por ejemplo, hablan de *144,000 Danzantes Solares*, las escuelas esotéricas de occidente mencionan a *144,000 Maestros Ascendidos*, mientras que el Apocalipsis o Libro de Revelaciones cuenta en 144,000 a los justos que serían salvos en los últimos días.

La repetición de esta cifra ha activado en la imaginación del colectivo modernas versiones proféticas que hablan de 144,000 personas que serían arrebatadas del mundo, o rescatadas justo antes de que empezara la catástrofe, de modo que terminada la limpieza de la Tierra, ellos serían devueltos para repoblarla en condiciones distintas.

Traten por favor de visualizar en sus mentes a estas supuestas personas rescatadas; imaginen que atributos deberían tener para ser seleccionadas; sin temor a equivocarme afirmaré que el 99% de ustedes opinará que los salvados deberán ser personas de gran espiritualidad, gente excepcionalmente despierta al amor y la compasión por sus semejantes, émulos de Jesucristo, Buda, Gandhi o la Madre Teresa de Calcuta. Ahora imaginen que ustedes son una de estas personas tan llenas de Dios, limpios como cristales a través de los cuales pasa la Luz de la Creación, irradiando espiritualidad como verdaderos soles en la Tierra; vean que el rapto de los justos ha empezado y que mientras ustedes se elevan a los cielos observan por ultima vez los rostros desconsolados de sus seres queridos: Padres, hijos, abuelos, esposos y esposas. ¿Piensan ustedes que si fueran tan espirituales estarían dispuestos a abandonar a familiares y amigos en medio del desastre? ¿No creen que ese Amor incondicional los haría regresar y acompañar a aquellos desventurados en su peor hora? ¿Acaso no estaríamos dispuestos a morir en lugar de ellos como alguna vez lo hizo Cristo por todos nosotros? ¿Puede acaso existir verdadera espiritualidad sin la total entrega al Amor?

Si nuestro corazón siendo tan pequeño, se llena de compasión y nostalgia por aquellos a quienes amamos, ¿Cuanto más amor y compasión sentirá por la humanidad aquel que la creo del polvo cósmico? Algunos seguidores de la religión Budista, por ejemplo, hacen un voto por el que se comprometen a no ingresar definitivamente al Nirvana[1] sin antes haber conseguido ayudar a que la última criatura viviente en este universo alcance su realización espiritual. De este modo, los Bodhisatwas (santos del budismo), que por propio mérito ya podrían integrarse al estado divino,

---

[1] Nirvana.: En la religión budista, etapa final de la contemplación, caracterizada por la ausencia total de sufrimiento y el reconocimiento de la Verdad Ultima.

prefieren volver a encarnar bajo las dificultades de una forma humana para así continuar ayudando a la liberación de todos los seres, lo que es en definitiva un verdadero acto de amor y compasión por sus semejantes

Los Guías Extraterrestres se han manifestado sobre esto, asegurándonos que entre seis mil millones de seres humanos, el numero 144,000 representa no solo un segmento iluminado de la población sino sobre todo la *masa mínima crítica* necesaria para transformar las condiciones imperantes en el mundo. Lo que esto significa es que en medio de la superpoblación mundial, se dará que 144,000 personas despertarán a un estado de conciencia más elevado y espiritual, desde el que podrán observar con claridad nuestra finalidad y origen cósmico, provocándose de inmediato una reacción en cadena en la que la conciencia de todo el colectivo humano, como en un maravilloso contagio, sea acelerada a un siguiente estadío evolutivo.

Lo que estamos afirmando aquí, es que cuando exista ese numero de personas realizadas espiritualmente, la luz que irradiarán en cada acción y pensamiento será de tal magnitud que, como la llegada de un nuevo amanecer, despertará a toda la humanidad del sueño profundo de ignorancia al que por milenios había sido sometida.

Aseguran nuestros Hermanos de las Estrellas que este cambio global estaría por operarse, proyectándonos inevitablemente a una 4ta dimensión de conciencia, lo que significaría para nosotros una percepción distinta del Tiempo; el que muy probablemente dejará de ser leído como una línea corriendo de pasado a presente y futuro, para ser observado en adelante como un continuo en el que nuestra mente se mueva libre en cualquier dirección temporal, manifestando las facultades de premonición, clarividencia y otras, de manera natural..

Pero, ¿Cómo puede ser posible que la transformación de conciencia de un grupo afecte a toda la especie humana? se preguntaran los más escépticos, no obstante la respuesta no es tan difícil de comprender a la luz de la investigación científica de las ultimas décadas.

En un ensayo escrito por la Licenciada Rosa Argentina Rivas Lacayo, en donde se da una amplia explicación sobre la naturaleza holográfica de nuestros procesos mentales[1], la instructora del *Método Silva de Control Mental*, da un muy buen ejemplo de como un pequeño segmento de la población puede llegar a afectar positivamente a todo un colectivo.

Según nos narra en su estudio, durante varios años un equipo de científicos realizó una investigación con una especie de Macaco (mono), en algunas de las islas del archipiélago de Japón. Debido a su pequeña extensión estas islas estaban deshabitadas y aunque eran numerosas, la separación entre ellas era lo suficientemente grande como para impedir cualquier tipo de intercambio entre los animales y plantas que las habitaban.

Durante el año 1952, los científicos empezaron a proveer a los monos con una especie de patatas dulces que dejaban caer sobre la tierra, y si bien a los monos les agradaba el sabor del vegetal, parecían más bien fastidiados por la suciedad de la tierra pegada a estos. En la isla de Kóshima sin embargo, se observó un comportamiento en particular, un macaco de pocos meses descubrió que podía lavar las patatas en un arroyo de aguas cristalinas resolviendo de esta manera el problema del sabor desagradable de la tierra. El pequeño mono terminó por enseñar esta nueva conducta a compañeros de juego y miembros del grupo, de modo que fue adoptada cada vez por un mayor número de individuos.

Pero lo realmente asombroso ocurrió durante el otoño de 1958 cuando el último mono de la población de esta isla, que contaba con cien, aprendiera la destreza. De inmediato los científicos observaron que el comportamiento era adoptado de manera espontánea por los monos de las otras islas, sin que el contacto entre una población y otra se hubiese dado jamás debido obviamente a las distancias y dejando así de lado la explicación de una posible conducta aprendida. Colonias enteras de macacos empezaron a lavar las patatas antes de comerlas sin que la ciencia pudiese dar una explicación racional del evento; como si de alguna manera el pasar la barrera de los 100 hubiese significado superar el umbral de conciencia a

[1] Licenciada Rosa Argentina Rivas Lacayo, "Holografía y Transformación" http://www.metodosilva.com/j_holos.php.

partir del cual la conducta adquirida por un grupo, pasaba a ser un comportamiento adoptado por la conciencia colectiva de la especie.

De esta manera se demuestra que el cambio en el comportamiento de un pequeño numero de individuos puede transformar por completo la conducta de toda la sociedad, por lo que no resultaría tan difícil de aceptar lo planteado por los Guías Extraterrestres sobre el numero 144,000. Vamos viendo pues, que si estos son los "justos" a los que hacía mención el Apocalipsis, quizá el Final de los Tiempos no se refiere a la anunciada catástrofe sino mas bien a un trascendental momento de cambio para toda la especie humana.

Entre otras cosas estos seres del espacio aseguran que la humanidad de la Tierra habría sido creada con la finalidad de ayudar al Universo a recuperar una dinámica de evolución perdida hace millones de años, y que los cambios a ocurrir en nuestro mundo repercutirán en toda la Creación.

Dicen que nosotros estaríamos viviendo en un tiempo artificial o alternativo y no en el Tiempo Real en que se desenvuelven las civilizaciones más avanzadas del cosmos, y que al alcanzar el nivel de vibración adecuado, todo nuestro plano de existencia (la Tierra) se elevaría en conciencia a una cuarta coordenada en donde el tiempo no sería más como lo hemos conocido. Los Mayas lo anunciaron hace cientos de años, señalando Diciembre del año 2012 como el momento en que un rayo sincronizador proveniente del sol central de la galaxia (Hunab-Ku) se sintonice con nuestro sol amarillo cambiando su polaridad y las condiciones de energía en todo el sistema.

Afirman nuestros Guías que esto ocurrirá de cualquier manera, y que poco antes de que acontezca, la humanidad recibirá el llamado: *Libro de los de las Vestiduras Blancas* (el Archivo Akasico Planetario), la verdadera historia de la humanidad grabada en planchas metálicas doradas y en el lenguaje ideográfico de la Confederación. Tres cuartas partes de este Libro se hallarían resguardadas por la Hermandad Blanca Terrestre[1] en lugares secretos e inaccesibles del planeta, mientras una cuarta parte permanecería custodiada en Ganímedes (Luna satélite de Júpiter) por nuestros Hermanos Mayores.

Sobre la manera como este libro será entregado a la humanidad, aún los miembros de Rahma no tenemos la certeza de quienes o como lo recibirán; sin embargo a muchos de nosotros se nos ha permitido ver el dorado volumen, ya sea en sueños, visiones o físicamente como es el caso de nuestro hermano Sixto Paz[2]; y desde esta perspectiva podemos afirmar que la existencia de semejante archivo de información es real y que definitivamente acceder a nuestra historia significará un cambio radical en nuestra estructura psíquica colectiva, acondicionándonos a la percepción de un *Nuevo Tiempo*.

El final al que se refieren las profecías estaría entonces hablando no del fin del mundo sino más bien del fin del tiempo alternativo, que podríamos identificar como el instante crítico en que 144,000 personas del planeta accedan a la información del Libro o Archivo Akasico, alcanzando una expansión psíquica de tal magnitud que rebasaría el umbral de conciencia ordinario, proyectándonos como especie, a los 6.2 billones de seres humanos, a una cuarta dimensión, desde la cual nos conectaríamos al Tiempo Real del Universo y en consecuencia a la llegada de *un Nuevo Cielo y una Nueva Tierra*, como se ha mencionado en las escrituras (Gráfico 11).

Como ven, por siglos nos hemos torturado imaginando un final cataclísmico siendo que nuestro amoroso Creador nos ha reservado un lugar a su derecha, y que El Gran Día Del Señor o Final de los Tiempos no sería otra cosa más que el gran momento de nuestra redención cósmica. Pero, como dicen nuestros Hermanos Mayores, en la tercera dimensión atraemos experiencias por afinidad vibratoria, por lo que de persistir mentalmente en el catastrofismo y el castigo, será eso precisamente lo que generaremos. No me sorprendería por ello que muchas de las personas

---

[1] Representantes del Gobierno Interior Positivo del Planeta, integrado por inteligencias extraterrestres misionando en la Tierra, así como por los descendientes de los sobrevivientes de Atlántida y Mu.
[2] Sixto Paz Wells, "Los Guías Extraterrestres". 1993. Páginas 216-218

Gráfico 11: *Representantes de La Hermandad Blanca de los Retiros Interiores, dispuestos a entregar el Libro de la Vida o Registro Akashico Planetario; muy probablemente antes del año 2012.*

muertas en desastres naturales como erupciones volcánicas, terremotos y tsunamis hallan sido firmes defensores del castigo divino o las profecías apocalípticas que anuncian la llegada de Hercólubus. Con seguridad les digo que en sus últimos minutos estos desventurados creyeron vivir el fin del mundo sin siquiera sospechar que vivían y morían en la desarmonía que ellos mismos habían creado en sus mentes.

Desde luego, sería iluso de mi parte negar a estas alturas la posibilidad de que un asteroide, o un cuerpo estelar mayor pudiese influir de alguna manera sobre nuestro mundo, pero sería aún más nocivo vivir día a día en el temor de la llegada de un castigo que no merecemos, pues el único pecado real de esta humanidad es la ignorancia, y ésta nos ha sido impuesta por generaciones, obligándonos a vagar en la confusión y el desconocimiento de lo que realmente somos y representamos para el universo.

Sepan desde ya que si alguna catástrofe global se diera en nuestro periodo de vida el único refugio y santuario de paz será nuestro corazón junto con todo aquello que en éste hallamos cultivado.

Ha llegado el tiempo de que la humanidad tenga acceso al Registro Akáshico, y el conocimiento de nuestra verdadera historia aclarará de tal manera nuestro panorama que hará imposible que volvamos a caer en los errores del pasado que nos llevaron a destruir las civilizaciones previas. El Libro de la Vida se abrirá frente a nosotros y todo lo que observaremos allí será Luz Infinita, Sabiduría, Verdad y Vida Eterna para cada criatura viviente de esta Creación.

CONCLUSIÓN

DE COMO PUEDEN AYUDAR A LIMPIAR EL KARMA COLECTIVO, LIMPIÁNDOSE USTEDES MISMOS

"...Hay cosas que forman parte de un proceso natural. Están viviendo una etapa de cambio donde los continentes sumergidos volverán a emerger, como emergerá la ciencia de la luz y del sonido, pero también donde otros continentes se hundirán como se hunde el sistema que han creado. Pero lograrán sobrevivir, estos acontecimientos sucederán de forma gradual, les dará el tiempo para planificar. Lo que realmente preocupa es el estado mental de la humanidad, y como consecuencia de esto, la cantidad de cuerpos celestes que están atrayendo hacia el planeta... Poseemos cuatro naves orbitales en torno a la tierra, de forma de poder protegerla. Nosotros confiamos en que pronto tomen (ustedes) conciencia de su verdadero potencial psíquico, para poder revertir estas situaciones..."

"Informe del Encuentro en Valle Edén"Conversación entre Eduardo de los Grupos Rahma de Uruguay y el anciano Joaquel de las bases Ganímedes.

Ya hemos visto como la siembra de terror solo cosecha monstruos e infiernos en nuestra mente; y si bien la amenaza de un asteroide acercándose a la Tierra puede ser real; infinitamente más real es que nuestra conciencia posee los recursos para hacer de éste, nuestro amado planeta Tierra, un auténtico Paraíso.

Durante las décadas del 60 y 70, la tensión generada por los dos bloques de poder: Los Estados Unidos de América y la Unión de Republicas Socialistas Soviéticas, creaban un desastroso clima de inseguridad mundial que se reflejaba en la vigencia de un plan de rescate y evacuación programado por inteligencias extraterrestres. Estos seres de otros mundos, preocupados del inminente peligro de una guerra nuclear en la Tierra y la posible extinción de la raza humana, se organizaron para rescatar a cierto sector de la población en el caso de que nuestra desmedida belicosidad nos condujese a una guerra suicida que, de haber usado el arsenal atómico existente, podría haber volado el planeta en pedazos hasta en ocho ocasiones.

Resulta evidente que de haberse dado un holocausto nuclear, el rescate, rapto o evacuación planetaria hubiese dado prioridad a los niños, pues ellos hubiesen sido mas fácilmente acondicionados a la vida en otras sociedades del cosmos, y quizá las siguientes generaciones de estos sobrevivientes, crecidos en condiciones distintas pudiesen hasta repoblar la Tierra con una actitud completamente nueva.

Sin embargo no hubo necesidad de esto, pues Rusia dio el ejemplo con la revolución cultural que significó la Perestroika y el desmembramiento de La Unión Soviética, reduciendo en gran medida el clima de tensión mundial. Así, se verificó un enorme avance en la transformación de la conciencia colectiva humana, lo que de ninguna manera fue pasado por alto por las civilizaciones extraterrestres observándonos, que de inmediato reorientaron sus recursos a la estimulación del despertar de conciencia del hombre.

Mi generación llegó a este mundo con la urgencia de hacer algo; estimulada por las oscuras visiones de un futuro probable se preparó de la mejor manera para afrontar lo peor que pudiese ocurrir. Ahora, nuestros hermanos de las estrellas nos han dicho que ese tiempo de oscuridad no existe mas en nuestro porvenir, pues hemos dado los pasos necesarios para demostrar al universo que la humanidad del planeta Tierra quiere la paz, y que no es representada por la iniciativa de unos pocos humanos que guiados por intereses egoístas ponen en peligro la seguridad del colectivo. Nuestros *Hermanos Mayores del Cosmos* han asegurado que *La Evacuación* ya no es necesaria y que no permitirán que nuestra evolución sea interrumpida por una catástrofe (sea esta de origen natural o provocada). Ellos emplearán hasta el último recurso de su tecnología para impedir nuestra extinción, como lo han venido demostrando con una efectiva y verificable protección anti-asteroides y la persistente aparición de sus naves en las bases nucleares de las principales potencias mundiales.

Si bien el peligro puede haber pasado, aun depende en mucho de nosotros el grado de despertar que alcancemos como humanidad, pues estos seres no pretenden imponernos una nueva forma de gobierno o un modelo de sociedad extranjero, sino que están aquí para garantizarnos el margen de seguridad necesario que nos permita, de manera espontánea y sin temores, proyectarnos a la construcción de una civilización mas justa y equilibrada. Confiemos entonces en que nuestros *Hermanos Mayores* velan día y noche por esta humanidad adolescente que poco a poco irá superando las tendencias suicidas de las guerras, que enfrentan a hermano con hermano; la droga del materialismo, que nos impide ver que somos seres espirituales viviendo una existencia material y no lo contrario; y las depresiones del hambre, la enfermedad y la miseria.

Para contribuir un poco mas al despertar de conciencia y así alcanzar un grado de madurez colectivo, quiero ahora compartirles una herramienta espiritual que realmente funciona, pero, para que puedan usarla adecuadamente necesito primero darles una explicación previa que trataré sea clara y concisa.

Estuve meditando mucho por estos días respecto del dolor moral, la enfermedad y toda clase de problemas que parecen asaltarnos en nuestro diario vivir; y puesto que no conozco una sola persona en este mundo que no tenga algo que resolver en sus vidas, me he propuesto compartirles en la conclusión de este libro, el fruto de estas reflexiones y búsqueda, que lejos de ser mi aporte personal es más bien la síntesis de la experiencia vital de muchos hermanos como ustedes.

Decía Krishnamurti: *"La corriente de dolor que atraviesa el mundo es real"*, y estoy de acuerdo, es difícil definir maya o ilusión cuando observamos a alguien sufriendo frente a nuestros ojos; y podemos tratar de evadirnos de esa realidad diciendo que el mundo del espíritu es nuestra última morada y que lo que vivimos es solo la sombra de aquel reino luminoso, pero, muy dentro de nosotros se mueve la incomoda certeza que repite una y otra vez que aquello que no alcancemos en vida, no lo recibiremos como consuelo del otro lado. Siento mucho decirles esto, pero no nos vamos a ganar el Paraíso Terrenal por sufrir aquí en la Tierra, eso es solo una mala interpretación de las escrituras y muchas veces una mentira piadosa para momentos de crisis.

Pienso también que la prédica de desesperanza que nos habla del Fin del Mundo y el Karma como castigo, esta agotada hace ya mucho. No podemos seguir viendo la situación de Causa y Efecto como un castigo, porque de hacerlo así, nos estamos desligando de responsabilidad, aceptando que algo o alguien superior a uno está asumiendo el rol justiciero, obligándonos a pagar por lo que hicimos en esta vida o en las anteriores, cuando en realidad somos nosotros mismos los que nos castigamos y obligamos a vivir en situaciones de infelicidad por nuestra propia ignorancia y falta de amor.

Pero preferimos creer en un Dios lleno de ira, un verdugo de su propia creación capaz de hundirnos en un holocausto de sangre o enviar un planeta destructor como Hercólubus para castigar nuestras faltas, y de esta manera creemos evadirnos de la responsabilidad que pesa sobre nuestros hombros: La de aceptar que la felicidad que soñamos depende única y exclusivamente de nosotros.

Y sin embargo, cínicamente continuamos señalando al cielo con el dedo acusador cada vez que las cosas se tornan difíciles, el cielo tiene la culpa del auto averiado, la pelea que tuve por la tarde con mi esposa y hasta las malas calificaciones de los niños, ...¿No me creen?, esto lo escuche hace poco: "...Si Dios hubiese querido hubiese hecho a mis hijos más inteligentes..."; ríanse, pero es cierto, constantemente y desde las situaciones más inocentes hasta las más complicadas estamos eludiendo nuestra responsabilidad minuto a minuto. "...Me enfermé de esto porque es genético...", "...Es normal, ¿Quien no ha padecido una úlcera? Mi padre y abuelo también las tuvieron así que yo las heredé..."; a cualquiera le puede pasar es cierto, pero ¿Padecer una ulcera por dos años siendo que las células del estomago se regeneran por completo en 6 meses? Hace tiempo debiste curarte, ¿No?

Seamos claros en esto, el karma no es un castigo sino una necesidad de conseguir
un equilibrio en nuestra conciencia, un balance de experiencias opuestas (agredido-agresor, salud-enfermedad, etc.), cuya síntesis se verifica como aprendizaje y crecimiento; el karma es básicamente un mecanismo que nos lleva a adquirir más experiencia, y en el plano en que nos ha tocado vivir solo accedemos a esta clase de conocimiento por dolor o por amor, siendo una elección muy personal y completamente dada a nuestro libre albedrío el recorrer un sendero o el otro.

Fácil es reaccionar frente a un estímulo; si recibimos un elogio nuestro ego se eleva como una montaña y respondemos con elogios, si por el contrario nos insultan de inmediato atacamos como fieras rabiosas, así estamos de acostumbrados a responder, condicionados por la educación y la cultura. La Física nos dice que: *"A toda acción corresponde una reacción de igual intensidad pero en sentido contrario"*, de manera que si alguien me cachetea, yo cacheteo de regreso, si alguien me miente yo miento de vuelta, y si me quieren eliminar moriré matándome un par por lo menos.

Pero, ¿saben qué? todas esas reacciones son parte del interminable ciclo del karma que a lo largo de nuestras innumerables vidas repetimos, unas veces en el rol de justos y otras en el de pecadores, unas abusador y otras abusado. Y lo peor de todo es que este karma es acumulativo; y por ejemplo, llegamos a esta vida para aprender de nuestra desmedida avaricia de vidas pasadas experimentando una existencia humilde, y sin embargo, lejos de comprender la situación nos llenamos de envidia al observar lo que otros poseen y frustrados de aquello que no podemos tener nos evadimos de la realidad con drogas o una vida libertina, haciendo sufrir a nuestras familias y sumando nuevas deudas a nuestro ya bastante inflado karma. Como comentaba con algunos amigos, el karma es similar a la deuda externa de los países tercermundistas, la que en apariencia jamás se terminará de pagar y que de cualquier manera sigue creciendo en intereses.

Un sabio Lama del Tibet dijo una vez: *"Cuando dos senderos se bifurquen frente a tu camino, deberás optar por el más difícil de transitar"*; a primera vista luce como un absurdo y de los grandes, pero a la luz de lo dicho previamente, pareciera de pronto cobrar sentido; si nos golpearon en otra vida y ahora en esta golpeamos, lo único que conseguimos es dar combustible a la rueda del karma para continuar operando en su inacabable y doloroso giro; si por el contrario tomamos conciencia y al fin nos decidimos a poner la otra mejilla, el ciclo entonces se rompe y podemos continuar pacíficamente con nuestras vidas. No me malinterpreten, no estoy hablando aquí de convertirnos en mártires apedreados por la multitud; lo que les estoy diciendo es que cuando se presenta un problema, en ese mismo instante ustedes tienen la maravillosa oportunidad de recuperar el control de sus vidas, y muy probablemente no necesitarán poner la otra mejilla. Pero es elección de ustedes si aprenderán con dolor o por amor.

La dificultad radica en que la mayor parte del tiempo cuando los problemas surgen, nos complicamos tanto enredándonos en su energía que no vemos salida alguna y terminamos por convertirnos en parte inútil de la situación; a todos nos ha pasado, ¿Verdad?

De sobra hemos oído predicadores asegurándonos que el amor por nuestros semejantes nos hará libres, y que la fe (la creencia en aquello que no puede verificarse por la vía de los sentidos) transformará nuestras vidas; y sin embargo todo esto suena tan hueco cuando una y otra vez observamos el dolor en nuestro entorno, y casi nos mordemos la lengua para no reprochar a la justicia divina.

Me ha tocado ver esto de cerca, y ahora aún más cuando asumí la instrucción de los grupos Rahma aquí en Los Ángeles, California. Somos un colectivo viviendo el contacto con otras civilizaciones, es cierto; pero también somos humanos experimentando los problemas, ansiedades y tensiones más diversos en el día a día; y es inevitable en nuestro rol escuchar toda clase de historias conmovedoras y dignas de inspirar la más profunda compasión; pero que impotentes nos hemos sentido también al no poder aportar con soluciones dignas a tanto conflicto y desesperación.

Una y otra vez llegaban a nuestra mente las frases de nuestros sabios Guías Extraterrestres: *"Sois responsables de cada pequeña situación que os ha tocado vivir en este plano…"*, y mi ser trataba de comprender la esencia de aquello, determinar que tan práctica era la sentencia, mientras continuábamos con nuestro trabajo de envolver mentalmente en luz al planeta y a aquellos que sufren por las más diversas causas.

Enlazando mi conciencia a la de nuestros Hermanos Mayores, comprendí que no vivíamos sino que el pasado nos vivía; que nuestra experiencia previa, conocimiento adquirido, bagaje intelectual o como sea que le llamemos era un verdadero lastre y equipaje inútil que sin embargo atesorábamos de la manera más tonta; creí entender que la infelicidad, la enfermedad y el dolor, eran el resultado de revivir en el presente las memorias negativas de experiencias remotas de esta y otras vidas. Supe que no había conocimiento del que pudiésemos hacer alarde si este no nos ayudaba a vivir el ahora de manera espontánea y libre como lo haría un niño, y que toda nuestra mentada sabiduría no servía de nada si por haber sido traicionados en el pasado ahora vivíamos a la defensiva, llamando a nuestra aparentemente sabia posición: pre-caución, pre-visión, pre-ocupación, que no es otra cosa más que dar de nuestra energía a aquello que no existe; como aquel que teme a los perros y en cada esquina se encuentra con uno dispuesto a morderlo. ¿Cómo no ha de ser así cuando lo estamos creando mentalmente a cada minuto? Y nos pre-ocupamos por la deuda a pagar dentro de seis meses, y de pre-visores que somos, vamos a todos lados con un paraguas y un paracaídas, siendo que si consiguiésemos despertar muy probablemente no los necesitaríamos en absoluto.

Y así vagamos por esta existencia como almas en pena, concentrados en alcanzar nuestro paranoico sueño de seguridad exterior, como si realmente pudiésemos hacer eterna esa ilusión. ¿Es que acaso todavía no se han dado cuenta que el día y la noche se suceden sin interrupciones? ¿Que el nacimiento a la larga deviene en muerte, y la muerte en re-nacimiento? ¿Que todo se transforma siendo que la única constante en esta creación es el cambio?

Pero no, nosotros todo lo queremos perennizar; si me gané la lotería una vez, me la quiero ganar cada semana, y si no lo consigo me sentiré desconsolado y en lugar de gozar el momento y aprovecharlo, lo pierdo y lo dejo pasar en proyectos inútiles. Y si padezco una enfermedad, en lugar de pensar que es pasajera como todo, me concentro tanto en ella que la hago mía: ¡Mi ulcera!, ¡Mi tumor canceroso! Mi padecimiento como el de Cristo, ¿Verdad? Y la poesía reza: *"…mis ojos espantos han visto, tal ha sido mi triste suerte, cual la de nuestro Señor Jesucristo, mi alma esta triste hasta la muerte…"*; ¡Por favor! ¿Hasta cuando vamos a seguir viviendo de esos programas en nuestro ya bastante castigado "disco duro"? ¿Que no tenemos suficiente con las dificultades del diario vivir como para encima de todo tirarnos a la espalda la nefasta carga de semejantes contenidos?

Si, admirable el sufrimiento de Cristo, pero les aseguro que el acepto lo que tuvo que vivir en la expectativa de que nosotros no tuviésemos que hacerlo, les garantizo que él nos quiere felices. Cuando dijo bienaventurados los que padecen muy probablemente se refería a que tenían una oportunidad enorme de crecimiento en ese mismo instante si asumían conscientemente su situación. Todos estamos acostumbrados a la imagen del Mesías sangrante y rumbo al Gólgota, pero nos olvidamos que para que Jesús hubiese resistido el castigo criminal de más de 100 azotes (siendo que un hombre común hubiese muerto con solo 50) tiene que haber estado en muy buena condición física y mental. Jesús debió haber sido un individuo excepcionalmente saludable y feliz para llegar a los 33 años con esa fortaleza. Es cierto resucitó a una condición divina, pero antes fue hombre y quizá en sus sabias enseñanzas se halle el secreto de la majestad y fortaleza de su humanidad.

El sufrimiento puede llevarse con dignidad, es cierto y está de sobra demostrado; pero, también debemos ser concientes de que no es ni la condición ideal de ser, ni un estado permanente en nosotros, sino que está de paso como el aire que respiramos y que no nos pertenece.

Ahora, de comprender esto a ayudar a otros con sus problemas hay una gran distancia; difícil es conocerse uno mismo y fácil dar consejos, pero aún la pregunta persiste: ¿Cuál es el camino apropiado a seguir frente al dolor que constantemente observamos en el mundo, frente al terror sembrado por los profetas apocalípticos, la enfermedad y la crisis espiritual?

De tanto meditar sobre el asunto mis sentidos se agudizaron en la búsqueda de respuestas de modo que un día y casi por "accidente" conocí a este Kahuna Hawaiano que me ayudó a poner en orden varias ideas. Ellos son famosos por las curaciones milagrosas que operan con gran generosidad, y se les atribuyen poderes sobrenaturales; pero, después de conocer a uno, les puedo garantizar que su poder radica en su compasión y sentido de responsabilidad; y por favor no me digan que no podemos ser como estos hombres santos, porque afirmar semejante cosa es alardear de humildes y tan solo otra forma solapada de nuestra vanidad.

El Kahuna, que en el idioma nativo de Hawaii quiere decir: *Guardián del Secreto*, se dedica según me explicó a limpiar o borrar las memorias del pasado, bloqueos de energía o concentraciones de negatividad, que nos impiden experimentar una vida saludable y abundante; y para hacer esto, y aquí viene el esperado secreto, lo que hace es: ¡Limpiarse a si mismo!

Hasta aquí esto debe sonar algo confuso, pero es más sencillo y efectivo de lo que parece y paso ahora a explicarles cómo y por qué trabaja. Cuando alguien llega al Kahuna buscando ayuda, el sabio después de haber escuchado el problema, inmediatamente *¡Asume el 100 % de responsabilidad!* Comprendiendo que bajo ninguna circunstancia ese individuo aquejado por el mal llegó a su consulta por casualidad, sino que existe un antiguo vínculo kármico frente al cual el sabio hombre tendrá la oportunidad de trabajar limpiando memorias.

En palabras de mi amigo, el Kahuna Ihaleakala, podríamos ponerlo así: *"¿Se han dado cuenta que cada vez que hay un problema nosotros estamos allí?"*, ¿Se habían percatado de ello? ¿Creen que es un accidente? Pues resulta que no; estamos siendo enfrentados constantemente a los frutos de lo que sembramos en ésta y otras vidas de modo que cada persona que viene a contarnos su problema está reclamando nuestro pago correspondiente, sea que fueren concientes de ello o no.

¿Cuantas veces nos hemos sentido incómodos escuchando los padecimientos de un familiar o un desconocido, mientras nos revoloteaba la idea de salir corriendo de allí? Estábamos seguros de que no teníamos nada que ver con aquello, ¿Verdad? Nosotros somos justos, *"mi karma es otro"* nos repetíamos; pero, ¿Saben que...? Si estamos allí es porque también es nuestro, y si nos hace sentir incómodos es porque ya lo llevamos dentro sin reconocerlo.

Frente a los problemas de otros ocurren por lo general solo dos cosas:

1- Que nos hagamos los desentendidos y alejemos, encontrándonos constantemente en situaciones similares; o

2- Que nos identifiquemos al extremo de adoptar la situación conflictiva como nuestra, convirtiéndonos en parte de esa energía densa, sin conseguir hallar soluciones adecuadas.

La filosofía del Kahuna dice que puesto que no conocemos con certeza el origen real del problema, que puede remontarse a la niñez, otra vida o la herencia de algún ancestro, lo único que podemos hacer es: 1ro asumir que somos 100 % responsables por aquello que se nos ha expuesto; y 2do, proceder de inmediato a limpiar:

"Divino Creador, Padre, Madre, Hijo, como uno solo. (Persona X o situación problemática), si yo, mi familia, parientes o ancestros, te hemos ofendido con nuestros pensamientos, palabras, acciones u omisiones, desde el principio de nuestra creación hasta el presente; a ti, a tu familia, parientes o ancestros, nosotros humildemente, nosotros humildemente, nosotros humildemente te pedimos perdón.

Que esto se libere, que cualquier pensamiento negativo, energía no deseada o vibración densa que hubiese existido aquí se convierta en luz diáfana; limpiando, purificando, separando, cortando, transformando toda oscuridad y conflicto en el más purísimo Amor.

¡Somos liberados y esto está hecho!"[1]

En esta sencilla oración está contenida toda la sabiduría y efectividad de este antiguo arte de limpieza espiritual; y no se equivoquen, al repetirla lo que están consiguiendo primero es limpiarse ustedes mismos, y en consecuencia liberar la situación conflictiva o la persona en problemas, de modo que muchas veces se verifican las curaciones milagrosas que mencionábamos hace un rato. ¿Parece imposible, no? ¿Saben lo que hace aún más efectivo el trabajo del sabio Kahuna?: ¡La practica constante!

El limpiar en toda situación libera un potencial enorme de energía. Recordemos que de acuerdo a la física, la materia no se destruye o desaparece sino que se transforma o cambia de estado, siendo que materia puede ser definida como energía condensada y energía como materia enrarecida. Digamos entonces que aún los factores de nuestra psiquis poseen esa cualidad cambiante; por ejemplo: El temor y el valor serían la misma energía solo que en diferente grado, pudiéramos también decir, para hacerlo más comprensible, que uno tiene una carga negativa y el otro positiva; sin embargo, siendo siempre la misma energía está enteramente dado a nosotros el polarizarla hacia un extremo o el otro. Cuanto menos energía demos al temor, más energía estaremos aportando al valor; y si transformamos aquello que había estado condensado como negatividad, la luz liberada aportará a alimentar los valores más elevados de nuestra personalidad.

Se pueden limpiar no solo personas en problemas y situaciones conflictivas, sino también lugares, objetos inanimados, climas; y toda suerte de cosas que lleguen a nuestro alcance y con las que nos relacionemos. Ni siquiera tiene que estar presente la persona, la situación o el objeto para que nosotros podamos operar la limpieza.

Alguien me contó que una niña a la que preguntaron quienes eran los santos, respondió pensando en los vitrales de las iglesias que eran hombres

---

[1] Oración de la Kahuna Lapa`au, Morrnah Nalamaku Simeona, compartida por el Kahuna Ihaleakala Hew Len Ph.D. (http://www.hooponopono.org)

a través de los cuales pasaba la Luz. El Kahuna considera que somos como ventanas de cristal en donde el polvo de las experiencias se queda atrapado, y que cada vez que *limpiamos*, ese cristal va dejándonos ver una parte más del paisaje que ocultaba tras la suciedad. En el tiempo la práctica no solo hace más efectivo este sistema de limpieza sino que desarrolla cierta sensibilidad que podría ser identificada como el despertar de facultades extra-sensoriales, y que no sería otra cosa más que la Luz pasando a raudales a través nuestro.

Desde esta visión cualquier tipo de terapia, sea médica, psicológica o de la modalidad que fuera, es una forma de manipulación ejercida por el especialista, que no se identifica a sí mismo como el responsable de la enfermedad o el problema que esta aquejando a su paciente. Sin este reconocimiento inicial, la curación si llega a darse será únicamente parcial y de seguro el problema se repetirá en esta o en las vidas subsiguientes, si es que no se hereda a algún familiar o las generaciones venideras, adjudicándolo a factores genéticos.

Asumir el 100 % de responsabilidad por lo que pasa en el mundo y decir a conciencia una simple y corta oración es el secreto develado de como limpiar el karma colectivo limpiándonos nosotros mismos. Que sencillo y difícil, ¿No? Si mi vecina es una pesada es mi culpa al 100 %, si cayeron las Torres Gemelas también es por mi causa, si me robaron soy responsable de haber robado en otras vidas y si alguien me cuenta que tiene una hermana cuya suegra tiene un esposo que padece de leucemia también soy responsable por eso.

Años atrás escuché la experiencia de un joven que se encontró en una lejana carretera con unos hermanos del espacio que acababan de descender en su nave. Ellos de inmediato pasaron a hacer preguntas respecto de la guerra, haciéndolo responsable por las bombas en Hiroshima y Nagasaki; él estaba desconcertado, como podían acusarlo así siendo que él ni siquiera había nacido en ese entonces, la respuesta del extraterrestre fue directa: *"Si estas aquí, eres responsable"*.

¿Que tan efectivo es este método de limpieza?, pónganlo a prueba, si lo hacen estoy seguro de que van a ver resultados inmediatos en todo orden de cosas. Y como dice la frase: *"La practica hace al maestro"*, así que limpien en toda situación, si alguien se aferra a una creencia de terror, si falta trabajo, si alguien está enfermo, si tienen relaciones conflictivas, si alguien sufrió un accidente, si ven un automóvil parado en la autopista; liberen esa densidad, envuelvan en Luz; y acepten el consejo de nuestro Hermano Mayor, el Guía Oxalc de Morlen (Ganímedes): *"Ocúpense y dejen ya de pre-ocuparse"*.

Ocurrió algo extraño cuando empecé el proceso de limpieza, de inmediato llegaban a la mente imágenes de los momentos en que conocí a esas personas en conflicto por vez primera y el tipo de respuesta emocional que experimenté frente a ellos, reconociendo que en verdad existía un vínculo kármico enlazándonos más allá de lo evidente y superficial de nuestro encuentro. De este reconocimiento vino el 100 % de responsabilidad, y no les voy a decir que todas las personas con las que he trabajado *limpiando* han liberado esa energía del problema por completo, pero si les aseguro que he observado varios resultados de verdad sorprendentes y otros tantos en vías ya de solución. Y ¿Saben que es lo mejor de asumir 100 % de responsabilidad? Que haciéndolo eliminamos los pesados juicios que nos hemos formado de la gente, y al limpiar, lejos de sentirse uno como si se hubiese tirado otra carga encima, más bien se experimenta una suerte de liberación y paz mental.

Súbitamente descubrimos que el mundo es una expresión de nuestro estado interior y empezamos a gozar de cada instante y situación, devolviendo el valor a las cosas simples que nos construyen una vida espontánea. Empezaremos a reconocer que *La Perfección* no es una meta a alcanzar sino un camino por recorrer hecho de minúsculos e infinitos pasos: El perfecto compartir con nuestros hijos y nietos, el perfecto observar sin juicios de por medio, gozar la perfecta merienda sea esta una manzana o un magnífico buffet, estar perfectamente tranquilos en medio del tráfico, el perfecto tomar la cuchara, el perfecto leer y el perfecto rectificar errores; y como dicen nuestros Guías: *"… Si dais lo mejor de vosotros, eso será suficiente…"*

El mundo cambia aceleradamente y en la medida en que transformemos todo en Luz veremos el milagro operarse en nuestras vidas cada vez con mayor frecuencia. Límpiense y la Tierra se limpiará con ustedes, alejándonos cada vez más de todo posible cataclismo o karma colectivo. ¡Construyan en sus mentes un mundo feliz y lleno de esperanza y así es como será!

No olviden que cuando nos decidimos a recorrer el sendero de nuestro propio perfeccionamiento, tarde o temprano caemos en el reconocimiento de que nada en nuestra ruta ocurre por casualidad, sino que cada una de las experiencias vividas encajan armónicas como las piezas de un rompecabezas en el que todos tenemos un espacio de Luz que llenar.

Que el Profundo Amor de la Conciencia Cósmica nos haga Uno en Mente y Propósito.

www.ingramcontent.com/pod-product-compliance
Lightning Source LLC
Chambersburg PA
CBHW051832040426
42447CB00006B/487